茶艺、茶叶营销、农学及相关专业改革创新示范规划教材

茶叶鉴评技术

主　编：吴晓蓉　伍锡岳

副主编：刘展良　叶秀梅

中国商业出版社

图书在版编目（CIP）数据

茶叶鉴评技术／吴晓蓉，伍锡岳主编．－－北京：
中国商业出版社，2021.11
ISBN 978 - 7 - 5208 - 1758 - 5

Ⅰ.①茶… Ⅱ.①吴… ②伍… Ⅲ.①茶叶－品鉴－
中国 Ⅳ.①TS272.5
中国版本图书馆 CIP 数据核字（2021）第 173028 号

责任编辑：李 飞 蔡 凯

中国商业出版社出版发行
010 - 63180647 www. c - cbook. com
（100053 北京广安门内报国寺1号）
新华书店经销
北京广达印刷有限公司印刷

*

787 毫米×1092 毫米 16 开 13.75 印张 260 千字
2021 年 11 月第 1 版 2021 年 11 月第 1 次印刷
定价：68.00 元

* * * *
（如有印装质量问题可更换）

编写说明

　　茶叶鉴评技术即通过科学系统的方法对茶叶品质优劣做感官评定，综合评判茶叶等级高低的技术。本教材内容充实，具有科学性、知识性、实用性强的特点，适合于广大评茶人员及高职院校评茶相关课程运用。

　　本教材内容主要包括影响茶叶品质因子分析；茶叶鉴评技术基础知识；绿、黄茶品质鉴评；红、青茶品质鉴评；白、黑茶品质鉴评；其他茶类品质鉴评；商品茶品质鉴别和茶叶鉴评技术精选实训等，分别由相关领域专家编写。项目一由刘展良编写，项目二、三由吴晓蓉编写，项目四、七由伍锡岳编写，项目五、六由叶秀梅编写，全书由吴晓蓉、伍锡岳统稿。

　　本教材在编写过程中参考并借鉴了国内外相关资料，包括现行标准文件、法律法规文件、图书、期刊、研究成果等，并引用了部分内容，在此对原作者或原权利所有者表示衷心感谢。由于编写时间仓促，编者业务水平有限，书中难免有不足之处，恳请专家、学者及和读者批评指正，以便进一步修订完善。

编者

2021 年 7 月

目 录

概述 ……………………………………………………………………… 1

一、茶叶鉴评技术任务 ……………………………………………… 2

二、茶叶鉴评技术的发展简史 ……………………………………… 3

三、茶叶鉴评技术的发展趋势 ……………………………………… 4

项目一 影响茶叶品质因子分析 ………………………………… 5

一、茶叶的主要化学成分 …………………………………………… 5

二、茶叶色泽 ………………………………………………………… 11

三、茶叶香气 ………………………………………………………… 13

四、茶叶滋味 ………………………………………………………… 14

五、茶叶形状 ………………………………………………………… 15

六、六大茶类内质形成的生物化学因素 …………………………… 15

（一）绿茶类 …………………………………………………… 15

（二）白茶类 …………………………………………………… 17

（三）黄茶类 …………………………………………………… 18

（四）乌龙茶类 ………………………………………………… 19

（五）红茶类 …………………………………………………… 20

（六）黑茶类 …………………………………………………… 22

七、生态因子对茶叶品质的影响 …………………………………… 23

（一）土壤 ……………………………………………………… 23

（二）温度 ……………………………………………………… 25

（三）光照 ……………………………………………… 25

（四）水分 ……………………………………………… 26

八、季节与茶叶品质关系 ……………………………………… 27

项目二　茶叶鉴评技术基础知识 ……………………………… 29

一、茶叶鉴评技术的概念 ……………………………………… 29

二、茶叶鉴评环境设施 ………………………………………… 30

（一）环境要求 ………………………………………… 30

（二）设备要求 ………………………………………… 30

三、评茶人员要求 ……………………………………………… 32

（一）身体条件 ………………………………………… 32

（二）能力要求 ………………………………………… 32

四、准备工作 …………………………………………………… 33

（一）实物标准样的准备 ……………………………… 33

（二）扦取茶样准备 …………………………………… 34

（三）用水准备 ………………………………………… 36

（四）评茶准备 ………………………………………… 37

五、茶叶鉴评方法与运用 ……………………………………… 37

（一）分样 ……………………………………………… 38

（二）评茶程序 ………………………………………… 38

（三）干看外形 ………………………………………… 39

（四）湿评内质 ………………………………………… 42

（五）注意事项 ………………………………………… 45

项目三　绿、黄茶品质鉴评 …………………………………… 46

一、绿茶品质鉴评 ……………………………………………… 46

（一）大宗绿茶鉴评 …………………………………… 47

（二）精制绿茶的鉴评 ………………………………… 52

（三）名优绿茶的鉴评 ………………………………… 61

二、黄茶品质鉴评 ……………………………………………… 68

（一）黄茶鉴评方法 …………………………………… 69

（二）黄茶加工化学变化 ……………………………… 69

（三）黄茶常用评茶术语表达 69

（四）不同类型黄茶品质特征 70

（五）代表地区黄茶品质特征 71

（六）广东黄茶品质特征（举例） 71

项目四 红、青茶品质鉴评 73

一、红茶品质鉴评 73

（一）红茶外形鉴评 74

（二）红茶品种类别 76

（三）不同季别红茶外形鉴评 77

（四）红茶加工工艺特点与外形品质的关系 77

（五）红茶常见外形品质弊病形成原因及改进措施 78

（六）红茶内质鉴评 79

（七）红茶的品种类别与内质鉴评 81

（八）红茶不同季节茶叶鉴评 82

（九）红茶内质品质常见弊病形成原因及改进措施 83

（十）工夫红茶等级评语举例 84

（十一）红茶品质描述举例 85

二、青茶（乌龙茶）品质鉴评 86

（一）乌龙茶鉴评方法 86

（二）乌龙茶毛茶内质因子鉴评 90

（三）精制乌龙茶内质因子鉴评 90

（四）乌龙茶内质品质常见弊病形成原因及改进措施 90

（五）广东乌龙茶鉴评 92

（六）福建乌龙茶鉴评 100

（七）台湾乌龙茶品质特点与鉴评 110

项目五 白、黑茶品质鉴评 113

一、白茶品质鉴评 113

（一）白茶外形鉴评 113

（二）白茶内质鉴评 114

（三）白茶品质特征 114

（四）白茶品等级评语 ………………………………………… 115

二、黑茶品质鉴评 …………………………………………………… 117

（一）黑茶产品花色 ………………………………………… 117

（二）黑茶品质要求 ………………………………………… 117

（三）黑茶外形鉴评 ………………………………………… 119

（四）云南普洱茶类型与等级 ……………………………… 120

（五）紧压茶常见外形品质弊病 …………………………… 123

（六）黑茶外形鉴评要点 …………………………………… 123

（七）黑毛茶内质鉴评 ……………………………………… 124

（八）紧压茶内质常见品质弊病的识别 …………………… 125

项目六　其他茶类品质鉴评 ……………………………………… 127

一、国外代表性茶叶品质鉴评 …………………………………… 127

（一）国外茶叶感官鉴评 …………………………………… 127

（二）代表性国外茶的类别与品质特征 …………………… 130

二、其他茶叶品质鉴评 …………………………………………… 135

（一）花茶品质鉴评 ………………………………………… 135

（二）粉茶品质鉴评 ………………………………………… 137

（三）袋泡茶品质鉴评 ……………………………………… 137

项目七　商品茶品质鉴别 ………………………………………… 139

一、茶类的品评与鉴别 …………………………………………… 139

二、再加工茶鉴别 ………………………………………………… 141

三、茶叶的等级鉴别 ……………………………………………… 142

（一）干评 …………………………………………………… 142

（二）湿评 …………………………………………………… 143

四、茶叶的储存包装鉴别 ………………………………………… 143

（一）茶叶的陈放与储存 …………………………………… 143

（二）茶叶包装 ……………………………………………… 144

（三）茶叶仓储的要求 ……………………………………… 145

（四）茶叶仓储的要点 ……………………………………… 145

（五）注意事项 ……………………………………………… 146

五、拼配茶品质鉴评技术运用 ………………………………… 147

（一）茶叶拼配的目的和要求 ……………………………… 147

（二）待拼配茶的品质鉴评 ………………………………… 148

（三）拼配成品茶影响因素 ………………………………… 149

（四）拼配成品茶的方法 …………………………………… 150

（五）拼配成品茶的品质鉴评 ……………………………… 151

项目八 茶叶鉴评技术精选实训 …………………………… 153

一、茶叶鉴评技术审评结果表 ……………………………… 153

（一）茶叶鉴评技术是审评结果表的作用 ………………… 153

（二）茶叶鉴评技术审评结果表各因子评分系数设定 …… 154

二、茶叶鉴评实验（训）报告 ……………………………… 155

（一）茶叶鉴评实验（训）报告的作用 …………………… 155

（二）实验（训）报告写作的要求 ………………………… 155

（三）实验（训）报告撰写注意事项 ……………………… 156

实训一 不同茶区品质特征（以工夫红茶为例）…………… 157

实训二 代表性名茶鉴别技术（以名优绿茶为例）………… 158

实训三 等级茶鉴别技巧（以福建白茶为例）……………… 159

实训四 不同储存环境茶叶鉴评技巧（以普洱茶为例）…… 161

实训五 常见弊病茶叶鉴评（以特色黄茶为例）…………… 164

实训六 对样评茶技能实训（以乌龙茶为例）……………… 166

实训七 对样百分制评茶技能实训（以茉莉花茶为例）…… 169

实训八 速溶茶鉴评 …………………………………………… 171

参考文献 …………………………………………………………… 173

附录一：评茶员国家职业标准 ………………………………… 182

附录二：精选国家标准等级评语参考 ………………………… 199

概　述

我国茶叶品种花色繁多，有六大茶类，每大茶类又分百十种花色；还有再加工的花茶、砖茶以及深加工茶等。每大类的每个等级的商品茶，都有自己的品质特征和品质标准，衡量它们的品质和确定其价格，都必须经过鉴评检验才能进入流通渠道。茶叶鉴评检验，是茶叶品质的一面镜子，全面、客观地把控着茶的品质水平。

茶叶鉴评技术是一门综合性和技术性很强的应用型学科。它贯穿着茶叶的栽培、加工、贸易及科学研究过程。传统的茶叶鉴评对茶叶生产起着指导的促进作用，是茶叶生产的中枢。茶叶品质是加工过程各环节严格按工艺规范生产出来的。因此，每个加工环节都需要进行品质控制和品质鉴定才能进入下道工序，成品要对照国家标准或地方标准进行品质鉴评，符合标准才能进入市场。在茶叶贸易中，必须用鉴评与检验手段来确定品质及价格，准确无误地执行好茶好价、次茶次价的价格政策。

我国第一个发现和饮用茶叶的是远古三皇之一的炎帝神农氏，《神农本草》说："神农尝百草，日遇七十二毒，得茶而解之。"

南宋魏了翁在《邛州先茶记》中说：茶之始，其字为"荼"。晋王微《杂诗》有句："待君竟不归，收颜今就槚。"其中，槚就是茶。

发现茶树后的一个相当长时期，茶叶还是从野生茶树摘取，用作解毒治病。到了西周初期，茶叶发展为菜食，即"生煮羹饮"。

《南齐书》载有永明十一年，齐武帝萧颐的诏书："我灵座上，慎勿以牲为祭，唯设饼果、茶饮……天下贵贱，咸因比例。"表示自己的节俭。

白居易的《琵琶行》中写有：门前冷落鞍马稀，老大嫁作商人妇。商人重利轻别离，前月浮梁买茶去。

北宋文学家范仲淹《斗茶歌》：北苑将其献天子，林下雄豪先斗美……黄金碾畔绿尘飞，碧玉瓯心翠涛起。

明清开始，饮茶不再加入其他佐料，以清饮为主。

记载茶叶鉴评的第一部史籍，《茶经》记有："以光黑平正言嘉者，斯鉴之下也；以皱黄坳垤言嘉者，鉴之次也；若皆言嘉及皆言不嘉者，鉴之上也。何者？出膏者光，含膏者皱，宿制者则黑，日成者则黄，蒸压则平正，纵之则坳垤。"

我国茶叶发展历史悠久，源远流长。茶叶鉴评技术课程，是培养茶艺专业学生的职业素质和职业能力、推行双证书制度的一门重要的必修专业课程；是沟通专业课程教学与职业资格鉴定之间的桥梁和纽带，通过本课程实现高等职教"高质、强能、实用"的人才培养目标。

一、茶叶鉴评技术任务

根据高职茶艺专业的人才培养目标，《茶叶鉴评技术》课程是专业骨干必修的核心课程，也是行业职业岗位（群）技术工作能力强化、训练深化的实用型课程，是涉茶专业及创新创业的核心课程。

1. 夯实茶叶鉴评技术基础

内容包括教授各因素对茶叶品质的影响；茶叶鉴评的方法、基本知识、评茶术语运用；茶叶品质等级的鉴评技能；商品茶品质鉴别及熟练掌握商品茶叶鉴别的技能与方法等。

2. 掌握茶叶品质形成与感官鉴评结果的关系

掌握茶叶品质与茶树品种、栽培条件、加工技术等的关系，能鉴评不同茶类的品质特点特征、不同档次茶的质量水平，同时掌握根据茶叶不同储存情况进行品质分析判别等技能。并熟练掌握评茶术语，恰当地运用，能对茶样外形内质鉴评后，写出茶叶感官鉴评各因素的结果报告。

二、茶叶鉴评技术的发展简史

1. 茶叶鉴评技术的来源

茶叶品鉴技术的萌芽可以追溯到上古至唐代，其中《茶经》"三之造"中"自胡至于霜荷八等"已经对茶品外形等级进行描述，同时对外形中的光亮、平整、色黑等作为当时的好茶标准；而茶叶品鉴水平的提升主要是在宋代，宋代茶法的推行和民间斗茶活动的兴起推动了人们对茶叶品质品鉴水平的提升，黄儒在 1075 年（宋熙宁八年）编写的《品茶要录》被视为第一部茶叶评鉴专著，使古代茶叶评鉴更进一步充实和系统化，是当时茶叶鉴评技术走向专业化和系统化的标志。清代以后，茶叶贸易的快速发展推动了茶叶鉴评走向质量管理，在当时，以广州十三行中著名的"怡和行"为例，已经建立了一套完整的以品质为导向的鉴评措施，确保了茶叶的品质质量。而近代，茶叶感官鉴评技术多运用在出口、检验等，1914 年张謇《拟具整理茶叶办法并检查条例呈》，1929—1930 年分别在上海、武汉成立相关商品检验局并开始制定茶叶检验标准，委任吴觉农筹办出口检验，1931年上海商品检验局开设茶叶检验课。

2. 茶叶鉴评技术的现状

1950 年制定了《茶叶出口检验（暂行）标准》和《茶叶属地检验暂行办法》，还制定了毛茶标准样、精制茶标准样和贸易标准样大体 3 类实物标准样。而目前 GB/23776-2018《茶叶感官审评方法》、GB/T14487-2017《茶叶感官审评术语》和 GB/T18797-2012《茶叶感官审评室基本条件》等方法标准及 GB/T13738-2017《红茶》、GB/T14456-2016《绿茶》、GB/T30357-2013《乌龙茶》、GB/T222291-2017《白茶》、GB/2126-2018《黄茶》和 GB/T32719-2016《黑茶》等产品标准为现代茶叶审评的重要标准依据。茶叶感官鉴评主要运用于生产、科研、教学及后期销售等重要环节，并且感官鉴评技术已成为除理化指标检验之外茶叶品质检验的一项重要指标。一直以来，各高校、科研机构院所等分别开设了茶学相关专业，涌现了一批茶叶审评专家，制定了标准，编制了教材，完善了体系。如著名审评专家张堂恒起草制定了《茶叶感官审评术语》标准；陆松侯主编了《茶叶审评与检验》（第一版、第二版、第三版）；施兆鹏主编了《茶叶审评与检验》（第四版）；沈培和主编了《茶叶审评指南》等。一系列的标准及教材的不断完善，标志着现代茶叶鉴评技术对茶产业发展的重要性，也为推动茶叶发展奠定了夯实的基础。

三、茶叶鉴评技术的发展趋势

在高速变革和发展的今天，茶叶鉴评技术已不仅仅是检验茶叶好坏的重要手段。我国近 10 年茶叶产销量每年都有超 6% 的增长率，消费人群在增加，消费茶叶品质和质量安全需求在提高。随着企业不断转型升级逐步走向规模化、现代化、集约化、集成化和标准化，同时传统农业向现代农业变革，市场需求、消费升级等对茶叶鉴评技术提出了更高的要求。

1. 茶叶鉴评与茶叶加工联动推动茶叶新品开发

随着市场经济的发展，茶叶鉴评已经转变为企业茶品质量控制管理的重要手段，性质发生了改变，同时随着国家"放管服"改革的深入，如何适应新形势的要求，运用茶叶鉴评技术指导转型升级后的企业进行新一轮的产品开发，将会成为茶叶鉴评技术的未来变化趋势之一。

2. 现代高新技术应用于茶叶鉴评助推鉴评技术进入到新阶段

随着人工智能、数字化在茶产业中的运用及茶企业的不断转型升级，电子舌、电子鼻、计算机图像处理技术、模糊数学、电导法等新技术不断在茶叶鉴评中得到尝试运用，茶叶鉴评技术应以市场需求为导向，以产品开发为中心，结合茶叶加工现状，顺应产业升级改造，基于茶叶感官鉴评技术，信息化、智能化、数字化等技术在茶叶鉴评中的运用也将成为茶叶鉴评技术未来发展趋势之一。

项目一

影响茶叶品质因子分析

知识目标

（1）掌握茶叶鲜叶、干物质主要化学物质的名称、含量和主要特性；掌握茶叶色、香、味、形关键形成机制。

（2）掌握六大茶类内质色、香、味、形特性形成的主要影响因子。

技能目标

（1）具备介绍茶叶鲜叶、干物质主要化学物质的名称、含量比例的能力。

（2）初步具备概括茶叶品质（感官性质）与茶叶化学成分的关系和分析品质成因的能力。

一、茶叶的主要化学成分

在茶的鲜叶中，水分约占 75%，干物质为 25% 左右。茶叶的化学成分是由 3.5%~7.0% 的无机物质和 93.0%~96.5% 的有机物质组成的。到目前为止，茶叶中已知化合物约有 600 种，其中有机化合物有 450 种以上。构成这些化学物的基本元素已发现的有 30 余种：碳、氢、氧、氮、磷、钾、硫、钙、镁、铁、铜、铝、锰、硼、锌、钼、铅、氯、氟、硅、钠、钴、铬、镉、镍、铋、锡、钛、钒等。这些物质成分统称为茶叶化学成分，成为影响茶叶品质的基本因素，茶树品种、生长环境、采摘季节、加工等多重因子变化导致鲜叶和成品化学成分大幅度变化，随之是多样的茶树品种和丰富的茶类以及品质变化。茶叶中的化学成分虽然如此复杂，但是将其主要成分归纳起来也只有十几类，如图 1-1 所示。

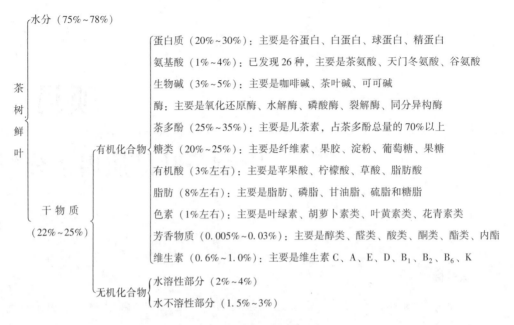

图 1-1　茶叶中化学成分的分类

（一）水分

鲜叶含水量一般在 70%~78%，平均为 75% 左右。鲜叶含水量与芽叶老嫩、采摘季节、茶树品种、栽培管理和自然环境气候以及采摘的季节、采摘当天天气等因素有关。幼嫩芽叶含水量高，粗老叶含水量低。茎是输导器官，嫩枝含水量可达 80% 以上。大叶种含水量高，小叶种含水量低。秋季茶叶的含水量低于春季茶叶，所以秋季茶叶制率较高。

鲜叶富含水分，在制作过程中鲜叶水分的变化带动了茶叶的理化变化。水分是生物化学反应的介质，制茶过程中，茶叶化学成分在水介质里进行着各种复杂的化学反应，同时水也参与部分的水解及氧化还原反应。

鲜叶含水量的多少及其在制茶过程中失水的速度和程度，都与制茶品质关系密切，尤其关键的是制茶过程中水分的变化。从含水量 75% 左右的鲜叶，到含水量 7% 以下的毛茶，再到含水量 6% 以下的成品茶，是大量失水的过程，随着叶内水分耗散，叶内物质相应地发生理化变化，从而逐步形成茶叶的色、香、味、形的品质特征[1]。所以，茶叶制作过程也就可以认为是鲜叶失水过程和有水参与的生物化学、物理化学反应的过程。

（二）茶多酚

茶多酚是茶叶中 30 多种多酚类物质的总称，约占干茶重的 25%~35%，主要包括儿茶素、黄酮类物质、花青素和酚酸等四类物质。其中含量最高所占比例最大的是儿茶素类物质，约占茶多酚总量的70%，不同品种有所差别，高的可达80%以上，低的也有50%左右。茶多酚是形成茶叶品质的重要成分之一。

儿茶素类包括酯型和非酯型两类。酯型是又苦又涩物质，茶叶制作过程部分转化成非酯型和没食子酸，而非酯型呈苦味。在茶叶制作过程中，儿茶素易发生多酚氧化酶促氧化产生茶黄素、茶红素、茶褐素成为茶汤色泽；茶叶储藏过程，会发生儿茶素自动氧化反应，使汤色向红褐方向转化。

黄酮类多以糖苷形式存于茶叶中，是天然色素，溶于水呈黄绿色或黄色，易被空气氧化呈橙黄色，是影响茶汤色的主要成分之一。

花青素多以糖苷形式存于茶叶中，是水溶性天然色素，在不同酸碱度下呈红、紫、蓝等色泽。一般茶叶中其含量占干物重的0.01%左右，而在紫芽茶中则可达0.5%~1.0%，紫娟茶中含花青素3.4%。高花青素茶汤发苦，汤色、叶底呈靛蓝。

酚酸类物质是茶树生理代谢的次生物质，主要是没食子酸和缩酚酸，是合成酯型儿茶素必不可少的物质。没食子酸易溶于水，味苦涩；在制茶过程中，酯型儿茶素水解产生酚酸类，它们参与茶汤滋味的形成。在红茶制造中，酯型儿茶素水解产生酚酸类，使细胞pH值降低，有利各种酶尤其是水解酶活性增强，对红茶发酵工序影响更加明显。

茶多酚是一类茶树生理活性物质，含量多寡是茶树新陈代谢的重要特征，主要分布在茶树新梢芽叶中。年周期中，茶多酚总量、儿茶素6、7月最高峰，春秋茶低峰；儿茶素和L-EGCG和L-ECG的含量在6、7月处于顶峰，秋季春季稍高一些，花青素夏季最高。

茶多酚易溶解于热水，部分茶多酚及其氧化产物（茶黄素、茶红素等）能与蛋白质结合而沉淀成为叶底颜色，茶多酚遇含铁物质，则形成绿黑色物质。

六大茶类分类基本上是依据茶多酚（以儿茶素为主）的氧化途径和程度而确定的，详见表1-1。

表1-1　儿茶素氧化途径和程度所形成的茶类对应

儿茶素氧化途径和程度	形成对应的茶类
自然缓慢氧化（轻前发酵）	白茶
迅速、深度氧化（重前发酵）	红茶
立即高温杀死鲜叶内酶，抑制儿茶素的酶促氧化（不发酵）	绿茶
做青环节促进叶缘儿茶素酶促氧化后高温杀青抑制氧化（半发酵）	青茶（乌龙茶）
立即高温杀死鲜叶内酶，闷黄湿热、微生物作用下儿茶素轻微氧化（轻后发酵）	黄茶
制止儿茶素酶促氧化，渥堆、微生物作用下儿茶素氧化（重后发酵）	黑茶

（三） 酶

酶是由活细胞产生的，具有催化活性和高度专一性的特殊生物大分子，大多数酶属蛋白质，只有极少数酶是核酸（rRNA）。通常把由酶催化进行的反应称为酶促反应。

茶叶中的酶归纳起来有水解酶、磷酸化酶、裂解酶、氧化还原酶、移换酶、同分异构酶等类型。水解酶有蛋白酶、淀粉酶、酯键水解等；氧化还原酶有多酚氧化酶、过氧化氢酶、过氧化物酶、抗坏血酸氧化酶等。这些酶在制茶过程中的化学物质变化具有重要作用，特别是多酚氧化酶是形成茶叶品质的决定性因素。

以上各种酶包括来自鲜叶的酶（称为内源酶）和微生物分泌的胞外酶，酶及酶促反应的特性主要有如下三个方面。

1. 温度对酶活性的影响有两面性。酶活性有最适温度，一般在 30℃~50℃，温度过高酶会变性失去活性，温度过低活性减弱。利用酶的这种特性进行不同茶类的制造，如绿茶杀青、红茶烘干都是用高温钝化酶使酶失活，达到制茶工艺要求。

2. 酶活性在最适酸碱度（pH 值）下活性最高。各种不同的酶都有活性最强、反应速率最大的酸碱度（pH 值）。红茶萎凋和发酵时，鲜叶细胞质的 pH 值从近乎中性降到 5.1~6.0，与酶的最适 pH 相适应，使酶的活性增加，随后 pH 值继续下降，酶的活性则越来越低。乌龙茶制作中的做青、白茶制作中的萎凋利用鲜叶失水时，细胞内 pH 值下降激活水解酶、氧化酶活性。

3. 酶促反应具有高度的专一性。酶对其所催化的底物或反应类型具有严格的选择性，如多酚氧化酶只作为多酚物质的氧化反应催化剂，淀粉酶只能参与淀粉水解反应不能催化水解纤维素。鲜茶叶中并不含有纤维素酶，黑茶加工渥堆工序微生物繁殖能分泌纤维素酶，可水解纤维素，产生可溶性糖，这类糖成为黑茶醇和口感与起保健作用的主要物质之一，这是黑茶有别于绿茶、红茶、青茶、白茶的重要特性。

（四） 蛋白质与氨基酸

蛋白质和氨基酸都是茶叶中的重要含氮物质，氨基酸是组成蛋白质的基本单位，同时也是活性肽、酶和其他一些生物活性分子的重要成分。茶叶中的蛋白质含量高达 25%~30%，但是绝大部分都不溶于水，所以喝茶时，人们并不能充分利用这些蛋白质，能溶于水的蛋白质通常称为"水溶蛋白"，其含量仅有 1%~2%。能溶于水的是白蛋白，这种蛋白对茶汤的滋味有积极作用。另一小部分蛋白质在茶叶加工环节中因蛋白质水解酶或热化学作用下产生游离氨基酸被利用。

茶叶中氨基酸有 26 种，以茶氨酸、谷氨酸、天冬氨酸、精氨酸、丝氨酸等含量较高，其中尤以茶氨酸的含量最为突出，通常茶氨酸要占氨基酸总量的70%以上，它是组成茶叶鲜爽滋味的重要物质之一，主要集中在嫩芽与嫩茎中，一般干茶中含有1%~7%。茶树如此大量地合成茶氨酸，是茶树新陈代谢的特点之一，迄今为止，除了在蕈菌和茶梅中发现有少量这种茶氨酸外，其他植物中还尚未发现。因此茶氨酸是茶叶的特征成分之一。氨基酸总含量高的品种是安吉白茶白化期的茶叶。年周期中，氨基酸含量春季最高、夏最低、秋回升。

红茶制作中茶黄素、茶红素能与蛋白质产生不溶于水物质砖红色沉积，茶叶表面成为红茶叶底色泽。

氨基酸除具有呈味性质外，还受到加工过程的儿茶素氧化物邻醌氧化、水热等作用下产生色素、香气物质。

（五）生物碱

茶树的生物碱有咖啡碱、可可碱、茶叶碱。咖啡碱所占的比例相当大，含量为2%~5%，茶叶碱和可可碱含量较少。咖啡碱的生物合成途径和氨基酸、核酸、核苷酸的代谢紧密相连，所以咖啡碱也是在茶树生命活动活跃的嫩梢部分合成最多，含量最高，根部基本不含生物碱。咖啡碱是含氮化合物的一种，属氮代谢的产物，其含量多少与施用氮肥的水平有关。

因为茶叶中咖啡碱含量较高，一般植物中含咖啡碱的并不多，所以也把咖啡碱看成是茶树的特征物质之一。

咖啡碱为无色结晶，能溶于热水，易溶于80℃以上热水。升华特性，在120℃以上开始升华挥发，到180℃可大量升华成针状结晶，因此长时间高温烘焙茶叶会导致咖啡碱的损失。

咖啡碱同儿茶素及其氧化产物在较高水温时各自呈游离状态的，但随着温度下降，会产生凝聚作用，使茶汤由清转浑，出现"冷后浑"现象。

咖啡碱也是茶叶的重要呈味物质，与茶叶的苦味有关，与茶黄素协调配合，具有鲜爽味，是红茶茶汤鲜爽度和强度的重要成分；红茶茶汤冷后浑出现得快且多，则品质较好。其含量与鲜叶原料的嫩度有关，原料愈嫩，含量愈高。喝茶能兴奋人体的中枢神经，起这种兴奋作用的主要物质就是咖啡碱。

（六）糖类

茶叶中的糖类一般含量为20%~30%，包括单糖、双糖和多糖三类。

单糖和双糖均易溶于水，故总称可溶糖，具有甜味，是茶叶滋味物质之一。茶叶中的单糖和双糖在代谢过程中，在一系列转化酶的作用下，易于转化成其他化合物。除此之外，这两类糖还参与香气的形成，如"板栗香""焦糖香""甜香"等就是制茶过程中，糖类本身的变化及其与氨基酸反应（糖氨反应或称美拉德反应）、多酚反应的结果。

茶叶中的多糖包括淀粉、纤维素、半纤维素、果胶和木质素等物质，它们占茶叶干物质的20%以上。其中淀粉含有1%～2%，含量较多的是纤维素和半纤维素，含9%～18%。淀粉在茶树体内是作为一种贮藏物质而存在的，因此在种子和根中含量较丰富。纤维素类物质是茶树体细胞壁的主要成分，整个茶树就靠着纤维素、半纤维素和木质素起支撑作用而能正常生长。多糖无甜味，除水溶性果胶外，都不溶于水。

茶叶中的茶多酚、有机酸、芳香物质、脂肪和类脂等物质都是糖的代谢产物。糖类物质又是重要的呼吸基质，因此，糖类的合成和转化是茶树生命活动的重要因素。

淀粉：在一定制茶条件下，可水解为麦芽糖或葡萄糖，可增强茶汤滋味。

纤维素、半纤维素：其含量随叶片老化而增加，是茶叶老化、嫩度差的标志。黑茶、茯砖、康砖及普洱茶等加工渥堆是关键工序，渥堆过程中微生物的大量繁殖，分泌出各类同工酶，其中纤维素酶水解纤维素成可溶性糖，成为黑茶具有保健作用的成分。

果胶：果胶是茶叶中的一种胶体物质，属杂多糖，其含量约占茶叶干重的4%。分为原果胶、水溶性果胶和果胶酸。原果胶不溶于，是参与构成细胞壁的成分，在果胶酶作用下，形成水溶性果胶素。在茶叶加工过程中，一方面水溶性果胶素（包括水溶性果胶素和果胶酸）、半乳糖、阿拉伯糖等物质参与构成茶汤的滋味品质，另一方面胶果物质还与茶汤的黏稠度、条索的紧结度（茶叶造形）和外观的油润度有关。[2]

（七）色素

茶叶色素有天然的，来自鲜叶自有色素成分包括叶绿素、叶黄素、胡萝卜素、黄酮类物质、花青素，也有加工色素，主要是茶多酚的氧化产生的如茶黄素、茶红素、茶褐素，以及如红茶加工中氨基酸被氧化，茶黄素、黄红素与蛋白质反应沉积茶叶表面等成为干茶和叶底色泽。叶绿素、叶黄素和胡萝卜素不溶解于水，为脂溶性色素；黄酮类物质、花青素、茶黄素、茶红素和茶褐素能溶于水，为水溶性色素。脂溶性色素对干茶的色泽和叶底色泽均有很大影响，而水溶性色素决定着茶汤的颜色。

叶绿素分为叶绿素a和叶绿素b，叶绿素a是一种深绿色的化合物，叶绿素b是一种黄绿色的化合物。对于茶树品来说，两种叶绿素的总量以及比例不同，则体现在鲜叶颜色变化，如安吉白茶叶白化期叶绿素含量低，黄金叶的叶绿素总量及叶绿素a、叶绿素b含量都低。

（八）芳香物质

芳香物质是茶叶内挥发物质的总称。茶叶中芳香物质的含量极少，仅占干物质总量的 0.005%～0.03%。鲜叶中芳香物质有近 50 种。成品茶的种类增加很多，如红茶有 300 种，绿茶有 100 种以上。这说明加工技术对茶叶香气品质形成有重要作用。这些物质间不同的组合就构成了各种类型的香气。经分析鉴定，组成茶叶香气的芳香物质归纳起来可分为 11 大类：碳氢化合物、醇类、醛类、酮类、酯类、内酯类、羧酸类、酚类、含氧化合物、含硫化合物和含氮化合物。各种香气物质，由于分别含有羟基（醇类）、酮基（酮类）、醛基（醛类）、酯基（酯类）、氮杂环等发香基团而形成各种各样的香气。

鲜叶中芳香物质最多的是低沸点（140～150℃）的青叶醇和青叶醛，约占芳香物质总量的 80%。它们具有很强的青草气，在制茶过程中大部挥发散发或发生异构化，从而青草气消失。

（九）维生素

茶树鲜叶中维生素类占干物质的 0.6%～1.0%。茶叶中的维生素，包括脂溶性维生素和水溶性维生素两大类，有 16 种。脂溶性维生素有维生素 A、维生素 D、维生素 E 和维生素 K 等；水溶性维生素的含量很丰富，包括维生素 C（抗坏血酸）、维生素 B_1（硫胺素）、维生素 B_2（核黄素）、维生素 B_3（泛酸）、维生素 B_{11}（叶酸）、类维生素 P（儿茶素和黄酮类物质）、维生素 B_5（烟酸）和肌醇（又称环己六醇或纤维醇或肌糖）等。水溶性维生素主要有维生素 C 和 B 族维生素，因为它们能溶解于茶汤，容易被人体吸收。

这些维生素都以各种形式参与茶树的生长代谢，如维生素 B_5 以辅酶 A 的形式参与糖、蛋白质、脂肪的代谢；维生素 B_6 则参与氮代谢；维生素 B_{11} 参与核酸、咖啡碱代谢；肌醇与儿茶素合成有关等。

二、茶叶色泽

茶叶色泽包括干茶色泽、汤色和叶底色泽三个方面。色泽是鲜叶内含物质经制茶发生不同程度降解、氧化聚合变化的综合反映。茶叶色泽是茶叶命名和分类的重要依据，是分辨品质优次的重要因子，是茶叶主要品质特征之一。茶叶的色泽与其他的感官性质香气、滋味有内在联系，色泽的微小变化易被人们视觉感知，鉴评时抓住色泽因子，便可从不同的色泽中推断品质优劣的大致情况，茶叶色泽因鲜叶和加工方法不同而表现出明显的差别。

以上茶叶三个方面的色泽都是多种天然有色化合物和加工过程各类反应（酶促氧化，

水气、热反应，微生物发酵）转化产物的综合反映，天然的是黄酮（花黄素）、黄酮醇（花青素）及糖苷、类胡萝卜素（胡萝卜素、叶黄素）、叶绿素和加工产物为茶黄素、茶红素、茶褐素等。其中类胡萝卜素（胡萝卜素、叶黄素）、叶绿素是脂溶性色素，黄酮（花黄素）、黄酮醇（花青素）、糖苷、茶黄素、茶红素、茶褐素等为水溶性色素。

茶叶色泽形成因素关系见图 1-2。

六大茶类色泽形成机制各不相同，详见本项目第六部分内容。

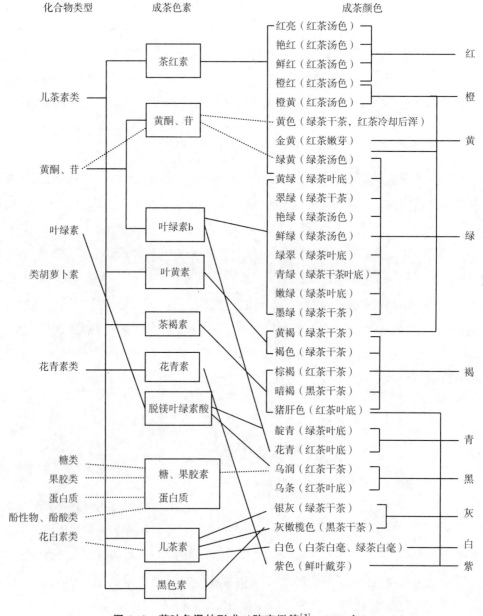

图 1-2 茶叶色泽的形成（陈宗懋等[3]，2019 年）

三、茶叶香气

茶叶香气，按香来源的形态可分为干香、香味和香气。干香是指嗅干茶时的气味；香味是指茶汤喝到口中，鼻腔内感知到的气味；香气则是干茶冲泡后，飘散在空气中通过鼻息闻到的气味[1,4]。

茶叶各种香型是由芳香物质组合形成的综合香型，芳香物质的组合以及比例影响着香气的类型、浓淡，其中某种类型香由某种成分或某几种成分决定。香气物质的来源归纳为三个主渠道：

1. 由鲜叶糖苷的水解产生芳香物质[5]。鲜叶有正己醇、青叶醇，苯甲醇以及苯乙醇-β-D-吡喃葡萄糖苷、香叶醇单萜配糖体、芳樟醇单萜配糖体等，其中以青叶醇为主体（沸点156~157℃），约占鲜叶芳香油的60%，占低沸点200℃以下芳香物质的80%。青叶醇有顺式、反式结构型式，顺式有青草气，低浓度时清香，经加热转化为反式也是清香。苯甲醇、苯乙醇、香叶醇、芳樟醇均是茶叶采摘后由糖苷酶水解后生成，这些物质沸点均在200℃以上，留在成品茶叶中作为良好香气的芳香物质。苯甲醇（205.5℃）：微弱的苹果香；苯乙醇（217~218.5℃）：玫瑰香；芳樟醇（198~199℃）：百合花香或玉兰花香；茉莉酮：茉莉花香。

2. 由不饱和脂肪酸、胡萝卜素氧化裂解而成。较为典型的例子为乌龙茶加工做青过程中叶组织由于机械损伤和脱水使构成叶细胞壁的中性脂肪、磷脂在类脂水解酶作用下水解生成大量的不饱和脂肪酸。脂肪酸在活性不断上升的脂肪氧化酶和氧的作用下发生氢过氧化作用，在过氧化物分解酶作用下裂解成C6醛，然后发生异构、脱氢作用生成青叶醇和青叶醛。在摇青过程中大部分青叶醇挥发掉，留下少量具有清香的反式青叶醇和极少量顺式青叶醇。类胡萝卜素由结合态向游离态转变，使得胡萝卜素发生氧化降解形成β-紫罗酮、二氢海葵内酯、茶螺烯酮等香气物质。

3. 由糖氨反应（美拉德反应）、氨基酸脱氨脱羧反应、醇类酯化、异构化、环化而成，这些反应促使茶叶香气的形成。

除此，某些氨基酸如茶氨酸具有焦糖香，谷氨酸、丙氨酸和苯丙氨酸等具有花香；糖类和果胶等在一定程度上焦化后具有焦糖香等，它们都有一定的助香作用。

四、茶叶滋味

　　茶叶滋味是指人们的味觉器官对茶叶中成味成分的综合反应。茶叶中含有鲜、甜、苦、涩、酸、咸各种滋味物质，其中最能体现绿茶滋味特点的是涩、苦、鲜三种滋味，甜、酸、咸三种在茶叶滋味中起协调作用，其他茶类的滋味也都呈味特性物质综合协调的结果。游离氨基酸是鲜味的主要成分，大部分氨基酸（以茶氨酸为主）鲜爽中带甜，有的鲜中带酸；红茶茶汤鲜爽度取决于茶黄素与咖啡碱的综合协调效果；茶叶苦且涩物质主要是茶多酚类中的酯型儿茶素；茶叶的甜味物质主要是可溶性糖和部分氨基酸；苦味物质主要是非酯型儿茶素、咖啡碱、花青素和茶叶皂素；酸味物质主要是多种有机酸；咸味物质主要是钠离子、钾离子。茶多酚是决定茶叶收敛性的物质，其中酯型儿茶素的刺激性比非酯型儿茶素更强。

　　总的来说，茶叶滋味形成非常复杂，产生渠道多，详见图1-3。

　　六大茶类滋味形成机制各不相同，详见本项目第六部分内容。

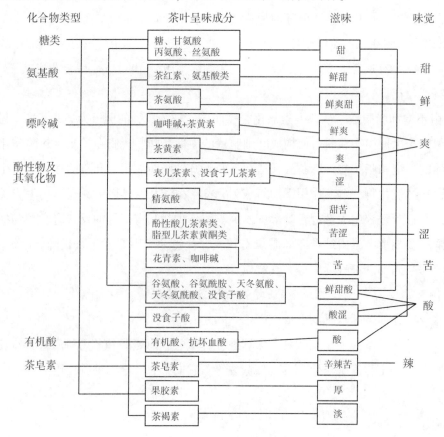

图 1-3　茶叶滋味形成图（陈宗懋等[3]，2019 年）

五、茶叶形状[4]

我国茶类多，品种花色丰富多彩，茶叶形状各式各样，多数具有一定的艺术性，既可品饮，又可欣赏。叶底形状种类也较多，有的似花朵形，有的具有完整的叶片等，茶叶形状是人们看得见摸得着的，既可区别花色品种，又可区分等级，因而是决定茶叶品质的重要因子。

鲜叶经过适当的加工工艺，采用不同的成形技术，通过干燥后使外形得以固定，因此茶叶的形状，主要由制茶工艺决定，但茶叶形状同样也与一些内含的化学成分有关。与茶叶形状有关的主要内含成分有纤维素、半纤维素、木质素、果胶物质、可溶性糖、水分及内含可溶性成分总量等。因为这些成分都与鲜叶原料的老嫩度有关，从而影响鲜叶质地的柔韧性、可塑性及制茶技术的发挥，故进一步影响茶叶的形状品质。一般条索、颗粒紧结，造型美观的茶叶，除了良好的加工技术外，还与其纤维素、半纤维、木质素的含量较低，而具有黏性的有利于塑造外形的水溶性果胶及可溶性糖的含量较高有关；相反，若纤维素、半纤维素、木质素等使叶质硬脆的成分含量越高，则其茶叶的形状越差，如表现为条索松泡，颗粒粗糙松散；另外茶叶中内含可溶性成分的总量越高，其形状也一般较好，如表现为条索紧结，有锋苗；茶叶在干燥后残留的水分也是影响外形的成分之一，没有足干的茶叶因其水分含量过高而使茶叶松散，条索或颗粒不紧结。

六、六大茶类内质形成的生物化学因素

（一）绿茶类

绿茶内质的形成，是通过热化学作用使内含成分发生转化，最后形成绿茶的色、香、味，是热化"构色、构香、构味"的过程。

1. 绿茶的汤色

绿茶汤色黄绿明亮，高级绿茶汤色嫩绿，一般绿茶或大叶种绿茶，汤色偏黄。茶汤的呈色成分主要是黄酮类物质及其氧化产物。还有儿茶素类氧化产物及其他水溶性色素。

黄酮类色黄，易溶于水。在绿茶中已发现有 21 种，含量占茶叶干重 1%~2%，有 2 种称为 6，8-二-C-葡萄糖旱芹素的异构体，有高度水溶性，水溶液呈深绿黄色，是茶汤呈绿色的主要色素。黄酮类在水热作用下，易发生自动氧化，转为橙黄或棕黄色。在绿茶茶汤中，还发现含有微量的叶绿素悬浮颗粒，有绿的反光，不溶于水，不能形成呈色的主体。

绿茶加工如果水热作用过度，黄酮类易产生自动氧化，儿茶素也有部分发生自动氧化，生成橙黄、棕红的水溶色素，这些色素进入茶汤，茶汤就呈不同程度的黄或橙黄色。绿茶初制中，儿茶素与茶氨酸、葡萄糖等物质在水热的作用下，还可以形成新的黄色物质，也参与汤色的组成。

2. 绿茶的叶底色泽

绿茶的叶底色泽，以嫩绿、黄绿为好，青绿、暗绿、黄暗为次，容易出现质量缺陷是红梗红叶。绿茶叶底色泽是多种色素物质的综合表现。其中呈色主体，是脂溶性的叶绿素及其变化产物，类胡萝卜素等也参与色泽构成。

在绿茶初制中，叶绿素因水热作用发生水解脱镁，减少量 30%～50%，未转化的叶绿素构成叶底黄绿的主色；黑褐色的脱镁叶绿素 a 和黄褐色的脱镁叶绿素 b，也成为叶底色泽的构成成分。

类胡萝卜素颜色橙黄，在茶叶中已发现有 18 种左右。绿茶初制中减少约 36%。类胡萝卜素和叶绿素共存在叶绿体中，制茶时叶绿体解体，色泽得以呈现，因不溶于水，成为叶底色泽的构成成分。

绿茶初制中儿茶素、黄酮类的不溶性氧化物或水溶性氧化物与蛋白质结合沉积物，也参与叶底色泽的构成。正常工艺条件其量很少，但若工艺不当，形成量明显增加，将对叶底色泽以至汤色造成不良影响。

3. 绿茶香气形成

绿茶香气一般为清香鲜爽或具板栗香、嫩芽香等。各种绿茶由于加工技术和鲜叶原料不同，形成各自的香气特点。

绿茶的芳香成分，已知的有数百种，含量虽比鲜叶少，但种类数量远比鲜叶多。芳香物质组成中富含醇类、含氮化合物，其他含量较多的成分还有酮类、碳氢化合物、酯类、醛类等。

绿茶香气形成产生于高温杀青和干燥，在热物理和热化学作用下，香气形成的大概过程是：①鲜叶中的低沸点（200℃以下）芳香成分在制茶中受热挥发散失或转化，它们一般具有青草气味；高沸点（200℃以上）的芳香物质显露，这些成分一般都具有花香或果香。②产生部分新的芳香物质，其中包括一些前体物质如氨基酸、糖、果胶、胡萝卜素、萜烯醇等的热化学反应产物。两个方面的综合结果，最后形成绿茶香气。

绿茶初制的杀青、干燥都是高温作业，保留下来的香气组成中，主要是高沸点部分，如芳樟醇、香叶醇、苯甲醇、苯乙醇、橙花叔醇等。鲜叶中原有的低沸点芳香成分，在绿茶中已大大减少。绿茶加工过程产生很多新的香气成分，这些成分是鲜叶中没有的。

鲜叶含有大量青草气成分，如青叶醇、反-2-己烯醛等，它们在制茶中除挥发或转化外，部分仍存在绿茶中，与其他芳香成分如二甲硫醚等相协调，形成鲜爽型的新茶香。

4. 绿茶的滋味

绿茶的呈味成分，由鲜叶固有物质适度转化而来。构成绿茶滋味的物质有苦涩、收敛性的多酚类、鲜味的氨基酸，甜味的可溶性糖、苦味的咖啡碱、甘厚的水溶性果胶，还有微量酸味物质如维生素 C 等。

浓醇、鲜爽是判断绿茶优劣的标准。浓醇取决于茶多酚和氨基酸的适当比例，绿茶中的鲜味主要有：带有较强鲜味的谷氨酸、谷酰胺、缬氨酸、蛋氨酸、精氨酸、天冬氨酸、茶氨酸；还有 5′-次黄嘌呤核苷酸、5′-乌便嘌呤核苷酸、5′-核苷酸等核苷酸类，蛋白质水解产物肽类和琥珀酸。春茶氨基酸和多种维生素含量丰富，使得春季绿茶的滋味鲜爽。夏、秋茶氨基酸含量明显低于春茶，而且夏、秋茶的茶多酚含量高，故夏、秋绿茶滋味苦、涩味明显。

绿茶滋味的形成，不是由某种成分含量或某一工序决定，而是随着工艺过程的进展，主要味感成分的量及其比例不断发生变化，直至达到恰到好处的结果。研究结果表明，绿茶初制过程因热湿水解作用，氨基酸、可溶性糖、水溶果胶不断增加，相反，多酚类中的儿茶素、黄酮类，因氧化而含量减少，咖啡碱含量也有所下降，多酚类与氨基酸的含量比值逐步减小，不同味感的各种成分彼此协调，最后形成绿茶的滋味。绿茶滋味要求浓醇鲜爽，鲜醇是绿茶滋味的主要特征，特别是它的醇度。一般来说，"醇"是氨基酸与茶多酚含有量比例协调；氨基酸中的谷氨酸、茶氨酸等是"鲜"的主体。鲜叶的嫩度较好，正常的工艺方法，就能形成良好的滋味品质。

（二）白茶类

白茶内质形成：白茶香气清鲜，滋味甘醇，汤色清淡浅黄。白茶加工只有萎凋、烘焙两个工序。色香味的形成主要是萎凋时的酶促作用，辅以烘焙的热化学作用。

白茶香味形成的可能途径是：

1. 香气转化：在萎凋的前一阶段，随着叶片失水，酶活性加强，青草气成分如青叶醇等发生酶性氧化，生成醛类等物质，青气减少，转为清香风味；同时，随着多酚类轻度酶性氧化缩合，一些香气前体如氨基酸等在邻醌物质作用下，发生酶促氧化降解，生成具有花香的成分。这些芳香成分的变化，类似"萎凋香"的清香气味，成为白茶香气的基础。最后经过烘焙的干热作用，形成白茶清鲜香气。

2. 滋味物质的转化：白茶萎凋和红茶萎凋在时间和要求上差别很大，白茶萎凋时间长达数十小时，要求内含成分达到深度转化。在萎凋过程，随着酶活性增强，有机物质趋向水解，淀粉水解为可溶性糖、蛋白质水解为氨基酸，多酚类化合物氧化缩合，从而为白茶滋味的形成提供了条件。这一阶段是酶作用过程，虽然进程缓慢，但对滋味形成很重要，例如，增加的可溶性糖，满足了呼吸作用的能量消耗而有余；氨基酸有较大幅度增加，一部分氨基酸和可溶性糖成为鲜味成分，一部分氨基酸与邻醌作用生成新香气，还为后续构香作用提供先质；多酚类总量减少，为降低苦涩味提供了可能。在萎凋的后一阶段，随着含水量降低，酶活性下降，逐渐发生非酶性氧化，青草气进一步减少，带苦涩味的儿茶素发生异构化。经并筛、堆放后，一定的温湿度使青气和涩味进一步消失。萎凋后的烘焙阶段，热作用使青气和苦涩味的物质进一步转化，形成白茶香气清鲜、滋味甘醇的品质特征。

3. 白茶汤色清淡呈杏黄色，呈色成分是黄酮类色素。叶底呈浅灰绿色，叶脉微红。其呈色成分主要是叶绿素和叶绿素的降解物；也有极少量的茶黄素、茶红素，在正常加工条件下，在叶肉部分被绿色掩盖；红变的叶脉，是由于叶脉叶绿素少，多酚类氧化色素沉淀呈色。白茶品质以清醇见长，比其他茶类更接近自然本色，故受部分消费者欢迎。

（三）黄茶类

黄茶内质形成：黄茶香气清悦，味醇爽口，色泽"黄叶黄汤"。鲜叶经过杀青，再经烘炒"闷黄"，最后烘焙干燥。黄茶的"闷黄"，实际是做香、做味、做色的过程，不是简单的变色。品质形成的主导因素是热化学作用。杀青的作用，与绿茶相同，必须杀匀杀透，不夹杂红梗红叶。在此基础上，再进行"闷黄"处理。

闷黄有湿热和干热两种处理，湿热是在中度含水量（约45%）和中等温度(45~50℃)下进行，起"构色、构味"作用；干热是在含水量较少时（25%~20%）进行，进一步改善气味，兼有提香作用。

黄茶的"构色"，是在杀青叶色暗绿色基础上，经过烘炒闷黄处理，引起叶绿素进一步脱镁转化，青绿色减少，茶黄素、茶红素、黄酮类氧化色素以及叶黄素等综合构成茶汤、叶底的呈色成分。

在多次热作用下，青草气充分挥发，滋味物质得到适当转化，如多酚类自动氧化和异构化减少涩味，多糖类、蛋白质等水解成可溶性糖和氨基酸，增加了鲜味，在"构香、构味"过程中，形成香清味醇的内质特征。

在烘焙干燥阶段，温度先低后高，低温烘焙是闷黄的继续，最后用较高温度，促进香气、滋味、黄叶黄汤的进一步形成。黄茶一般香气不浮不闷不露，以清为主，除黄大茶类之外一般不讲究炒焙香，可能与多次烘焙堆闷的工艺特点有关。

（四）乌龙茶类

1. 乌龙茶的汤色

乌龙茶发酵程度不同，正常的汤色有金黄、清黄、橙黄以及清红等。乌龙茶"半发酵"是个相对概念。发酵程度如广东乌龙介于 20%～30%，福建乌龙 20%～50%，台湾包种 15%～50%、台湾红乌龙 70%。乌龙茶汤色的"质感"不在于"色相"，而是色调彩度和亮度的比例关系，一般来说，色调以黄色为主，辅以不同程度的橙色或橙红色。

乌龙茶汤呈色成分有黄酮类水溶色素（黄绿）、黄酮类氧化色素（橙黄）、儿茶素水溶性氧化色素（黄、橙红、褐）以及其他水溶性有色化合物。乌龙茶初制过程，因酶促和热作用形成的有色物质，除部分与蛋白质结合外，水溶部分进入茶汤，成为汤色的组成部分。

2. 乌龙茶的香气

乌龙茶的香气物质［已知的有碳氢化合物（烯类为主）、醇类、酯类、酮类、醛类、酸类、酚类、杂氧化物、含氮化合物等，以前四种为主］含量约占茶叶干物总量的 0.053%，明显高于其他茶类。

乌龙茶具有典型的自然花香及果香等。香气高低和香型的产生，与品种、产地和特殊加工方法有关，香型不同主要是种性差异。

乌龙茶香型较多，一般具有花香、花果香或花蜜香。香气形成的途径，一是晒青中光能引起的强烈生物化学作用；二是做青中有控制的酶促氧化与水解作用；三是烘焙工艺低温长时热作用。据研究，晒青时某些芳香成分即有增加，随着工艺进展，青草气成分逐步减少，花果香成分不断增加，形成了芳香物质新组合，由于不同产品的芳香物质组成及其含量比不一样，故香型和香气高低也有差别。

各个品种的乌龙茶，应有各自的特征性成分，这方面正在研究中。一般来说，具有花香的橙花叔醇、茉莉内酯、茉莉酮酸甲酯、吲哚、香叶醇、法呢烯、芳樟醇及其氧化物、新植二烯等化合物，是一些乌龙茶的共性香气成分。某些品种的乌龙茶，如铁观音还含有较多的法呢烯，单丛乌龙含有较多的吲哚以及芳樟醇等。

3. 乌龙茶的滋味

乌龙茶滋味有浓淡、爽涩、醇苦之分，一般以浓醇、浓厚、鲜爽为好。形成滋味的主要物质有：儿茶素类及其氧化产物、黄酮类、咖啡碱、氨基酸、可溶性糖、水溶性果胶等。滋味的优次，取决于这些成分的含量高低和它们之间味感的协调性。

在乌龙茶初制过程，由于晒青、做青中的酶化作用，杀青、烘焙的热作用，苦涩味的儿茶素、黄酮类等多酚类物质含量逐步减少，而鲜、甜味的氨基酸、可溶性糖、水溶性果胶显著增加，酚氨比值趋于缩小，构味物质间的量比变化较为低调，最后形成乌龙茶滋味特征。

乌龙茶内含成分中，多酚类的氧化程度较低，保留量较高，它们虽是茶汤苦涩味的主要成分，但也是茶汤浓爽度的主体成分。由于氨基酸、可溶性糖等的协调成分也较高，形成乌龙茶浓而不涩、爽口回甘的滋味。

4. 乌龙茶的叶底色泽

典型的叶底色为"绿叶红镶边"或"绿腹红边"。一般是主脉红变，叶缘有不规则的黄变和红斑，有些嫩叶、嫩梗为浅黄红色。

红边的形成，是萎凋叶经"碰青"或"摇青"，叶缘细胞受到一定的损伤，引起多酚类（主要是儿茶素）酶性氧化，形成红色产物，一部分与蛋白质结合沉淀于叶底，而受伤组织中，叶绿素在多酚类氧化的酸性条件下，发生转化变为暗褐色，使叶缘变黄、变红，呈朱砂红色。叶腹色泽的形成，是叶绿素的降解产物，与其他脂溶色素如叶黄素、胡萝卜素所显现的色泽。叶绿素转化少，显绿色；转化多，显黄绿色。

（五）红茶类

1. 红茶的汤色

红茶汤色要求红艳明亮。由于呈色成分的量和比例不同，有深浅、亮暗、清浊等区别。其中以红艳、明亮、清澈为优；红暗、黄淡、混浊为差。

红茶汤色由各种水溶性有色物质组成。主要的呈色成分是多酚类的氧化产物。尤其是儿茶素类的氧化产物——茶黄素、茶红素、茶褐素，它们的含量高低与配比，决定着红茶汤色的质量。

儿茶素的氧化产物，主要产生于初制的"发酵"过程。在酶的作用下，儿茶素迅速发生氧化，经聚合、缩合作用，首先形成茶黄素，再经进一步氧化，转化生成茶红素、茶褐素。它们在红茶中的一般含量，茶黄素 $0.4\% \sim 2\%$，茶红素 $5\% \sim 11\%$，茶褐素 $4\% \sim 9\%$。

茶黄素的水溶液呈鲜明的橙黄色，是形成红茶茶汤明亮度和"金圈"的最主要物质；茶红素色泽棕红，是茶汤中"红"的主要成分；茶褐素色暗褐，茶汤中含量太多时，汤色变暗。红茶中茶黄素含量在 0.7% 以上，茶红素（含茶褐素）含量在 $9\% \sim 13\%$ 时，茶汤通常红艳明亮。

红茶茶汤冷却后，往往会产生"冷后浑"现象，是茶汤浓度好的标志。这主要是茶黄素、茶红素分别与咖啡碱结合形成乳状物，析出沉淀或悬浮于茶汤，易溶于热水。冷后浑的程度取决于茶黄素、茶红素总含量；乳状结合物的色泽随茶红素与茶黄素的含量比值而异，比值小色橙黄，比值大色灰暗。

红茶茶汤加入牛奶后显现的色泽，俗称"乳色"。茶汤品质不同，乳色不同，粉红或棕红的，品质好；姜黄或灰白的，品质较差。乳色的形成是由茶汤中的茶黄素、茶红素、茶褐素分别与牛奶中的蛋白质结合，综合形成的色泽。

乳色的表现取决于茶汤色素成分的含量及含量比。茶汤中茶黄素含量愈高，乳色愈明亮；茶红素、茶褐素含量高，茶黄素相对较低，乳色灰暗。

2. 红茶的香气

红茶的香气一般为甜香，要求清鲜高爽。因产品种类、鲜叶品种、产地、季节等不同，有的具有特有的花香或蜜糖香。

红茶香气的芳香物质，已知的成分有 300 多种。含量比鲜叶稍低，但芳香成分的种类数量比鲜叶高 5 倍多（芳香物质组成中，富含醛类 48 种、酮类 43 种、含氮化合物 41 种、酯类 38 种，其他含量较多的有酸类 24 种、杂氧化合物 17 种、内酯类 15 种等）。在红茶制造中，芳香物质种类增加最多的是醛类、酮类和含氮化合物，比鲜叶增加 40 多种；醇类、酯类成分也成倍增加。对红茶香气有帮助的内酯类 15 种，杂氧化合物 17 种，是鲜叶中没有的。

红茶香气形成过程：

第一阶段，发生于萎凋发酵过程，尤其是发酵阶段。香气的由来，有酶促氧化作用、水解作用、异构化作用生成的系列产物；还由于儿茶素等多酚类的氧化还原作用生成的系列产物。

第二阶段，发生于干燥过程。由于水热反应生成的产物等。鲜叶的芳香物质，制茶中大量转化或挥发逸失，仅部分参与成茶的香气组成。红茶香气形成比绿茶复杂得多，香气组成成分也比绿茶多近三倍。

红茶的香气，在经鉴定的芳香成分中，没有一种成分类似红茶的香味，由此说明，红茶的香气，是内含芳香成分的综合表达。但不同产品的红茶，由于芳香物质组成及其含量比例不同，香型表现各有特点，所以应有各自的特征性成分，这些问题正在探索中（一般认为，对红茶特征香气有重要作用的成分有芳樟醇及其氧化物、香叶醇、茉莉酮酸甲酯、茉莉酮内酯、二氢海葵内酯、茶螺烯酮、β-紫罗酮等）。

3. 红茶的滋味

红茶的滋味，有工夫红茶和红碎茶两个类型。工夫红茶以浓醇、鲜爽为主；红碎茶以浓强、鲜爽为主。这是由于加工方法不同，工夫红茶叶组织的损伤程度较低，发酵时间较长，干燥叶温较低，滋味较为醇和；相反，红碎茶叶组织损伤程度高，发酵快速一致，儿茶素及其氧化产物茶黄素等收敛性物质含量多，故风格不同。

构成茶汤"浓度"的水溶性物质,有多酚类(主体是儿茶素)、茶黄素、茶红素、茶褐素、双黄烷醇、氨基酸、咖啡碱、可溶性糖、水溶性果胶、有机酸、无机盐及少量的水溶蛋白等。"浓度"即"浓厚"的程度。茶汤中可溶性物质含量高,也就是水浸出物多,其中主要物质如多酚类及其氧化物及其他呈味成分高,则浓度高,作为一种风格"质感",浓度成分中,个别的量和比例是不同的,并由此派生出"浓醇""浓强""鲜爽"等等。

形成茶汤"鲜爽度"的重要成分是儿茶素、茶黄素、氨基酸、可溶性糖、茶黄素与咖啡碱的结合物等。"鲜"来自氨基酸、双黄烷醇、可溶性糖等;"爽"来自儿茶素、茶黄素、茶黄素与咖啡碱的络合物等。有人认为,红茶的鲜爽成分与绿茶不同,绿茶更着重氨基酸含量。

茶汤的"强度"构成,包括儿茶素、茶黄素、茶红素、双黄烷醇、黄酮类和酚酸类等。它们的共同特性,都具有不同程度的收敛性。而茶汤的强度与收敛作用相关。形成强度的成分中,最重要的是茶黄素、儿茶素尤其是酯型儿茶素、某些类型的茶红素等收敛性成分,以及与其他滋味成分的协调关系。

4. 红茶的叶底色泽

形成红茶叶底色泽的色素成分,主要来自多酚类的氧化产物与蛋白质结合的沉淀物,也有来自多酚类自身不溶性聚合缩合物,以及其他有色化合物。多酚类的氧化产物茶黄素、茶红素、茶褐素等,在发酵过程中均能与蛋白质结合,由水溶性变成水不溶性,结合物颜色分别为橙黄、棕红、暗褐。红茶的叶底色泽,以红艳或红亮为佳,红暗、乌暗、花青为差。

叶绿素在萎凋过程中,除部分产生水解外,大部分在发酵过程伴随着多酚类物质的氧化产生脱镁而被破坏,消失量为鲜叶的 70%~80%,剩余的在干燥阶段的水热作用下,又继续降解变色。在正常情况下,叶底叶绿素含量是很少的,残留部分,被量多的多酚类氧化色素结合物所掩盖,显不出绿色。

(六) 黑茶类

黑茶属后发酵茶,品种多,采摘成熟度比较高的茶青为原料,制作过程经过"渥堆"工艺,形成特殊风味。如普洱茶滋味醇厚带陈香;黑砖、茯砖香味醇和;康砖、紧茶香味浓醇;金尖香味醇和等。"渥堆"在杀青揉捻之后或干燥之后进行(如普洱茶、老青茶、西路边茶),是品质形成的关键工序。

"渥堆"有两个作用:一是微生物对茶叶的直接作用,主要与"构香、构色"有关;二是由微生物产生的"胞外酶",主要是多酚氧化酶、纤维素(水解)酶、核酸酶等对茶叶的多种物质进行酶促反应,主要与"构味"有关。微生物在渥堆叶中大量繁殖,新陈代谢过程从茶叶中吸收可溶性物质并放出热量，分泌有机酸等代谢产物，使叶温升高、酸度增加。

渥堆中嗅到的"甜酒香"，是由酵母菌作用产生的。渥堆叶的酸度到了一定程度，就会产生"酸辣味"，辣味可能来自酪氨酸、组氨酸的腐败转化物酪氨和组氨，与有机酸的酸味和氧化生成的醛、酮组成"酸辣味"，工艺上，把这种气味作为渥堆适度的表征；微生物的"胞外酶"，是对渥堆叶起作用的"外源酶"，是由渥堆后期的优势霉类产生的，如纤维素酶、果胶分解酶、氧化酶、蛋白酶等。

微生物分泌的酶类对渥堆叶有机物质起分解、水解、氧化作用，如氧化酶引致儿茶素氧化聚合，进而转化为茶黄素、茶红素等有色物质，这是黑茶汤色转红的原因，也是滋味变醇和的原因之一；各种酶的作用，使部分纤维素分解、多酚类含量下降、可溶性糖减少（作为微生物能源）。此外，作为渥堆的连带效果，是茶叶氨基酸被微生物作为氮源利用，部分氨基酸减少的同时，有一些对人体必需氨基酸明显增加，如赖氨酸、蛋氨酸、苯丙氨酸、亮氨酸、异亮氨酸、缬氨酸、色氨酸和苏氨酸等。

总之，黑茶风味的形成除热湿作用外，主要由微生物的作用而形成，因而呈现特殊风味。黑茶汤色，以茶黄素、茶红素、茶褐素三者比例而定，由橙黄至棕红、红暗；叶底以脂溶色素降解物和多酚类色素沉淀为标志，呈黄褐至黑褐色。一般来说，黑茶以"风味"为主，都具微生物发酵的特征风味，香型难以准确形容，但必须醇正。普洱茶具有"陈香"，有研究认为，是由于初制日晒和渥堆微生物的作用，茶叶中脂肪酸、胡萝卜素氧化降解，使某些醛类物质和芳樟醇氧化物增加的结果。

七、生态因子对茶叶品质的影响

影响茶叶品质的因子很多，品种、生态环境、制茶季节、产地纬度、产地海拔高度与加工技术等几方面同样重要。除品种外，这些影响因子归纳为土壤、温度、光照和水分等四方面因素，分析其对茶树物质代谢的影响。

（一）土壤

茶叶品质的形成除品种因素外，栽培的生态环境条件与技术措施影响很大。同一品种的茶树，在不同的生态环境条件和技术措施下会出现很大的差异。

土壤对茶树生长发育的影响很大。不同的土壤类型、土壤营养、土壤酸碱度、土壤质地和结构、土层厚度和土壤水分状况等，都会给茶树带来不同程度的影响。

1. 土壤类型和质地

茶树在砂壤土、壤土、黏壤土上都能良好生长。但就茶叶品质而言，一般认为在含有腐殖质较多，并以石英砂岩、花岗岩、片麻岩等母岩形成的沙质壤土上（尤其是白沙土、乌沙土）生长的茶树，因土壤质地疏松，通气性好，并含有较多的钾、镁及其他微量元素，因此鲜叶中氨基酸含量高，滋味鲜醇，茶叶品质最好；而生长在黏质黄土或僵黄土上的茶树，由于土壤通气性差，鲜叶中往往茶多酚含量较多，茶味苦涩；石灰岩形成的红黏土和第四纪红色黏土上生长的茶树，鲜叶品质最差。

2. 土壤的酸碱度

茶树是喜酸的植物，土壤的酸碱度对茶树生长影响很大。一般认为土壤 pH 值 4.5～6.5 茶树都能正常生长；5～5.5 生长最好；低于 4 或高于 6.5 则影响茶树叶绿素的形成，叶色往往发黄，甚至枯焦，生长不良。不仅如此，过酸或偏碱的土壤条件，促使茶树生理功能削弱，物质代谢受阻，因此合成与品质有关的成分也就较少。用不同的 pH 值培养进行茶苗水培试验结果表明，茶多酚、儿茶素和氨基酸含量都是 pH 值在 5～5.5 时为最高，而 pH 值低于 5 或高于 6.5 时含量均较低。由此看来，也只有在适宜的 pH 值条件下，茶树的碳、氮代谢才能顺利进行，茶多酚、氨基酸等才能更多地合成。

3. 土壤养分和施肥

茶树在生长发育过程中大约要从土壤中吸取氮、磷、钾、硫、铁、铝、钙、镁、锰、锌、铜、钼等 40 多种必需的营养元素，其中以氮、磷、钾吸收得最多，所以又称肥料三要素。对茶树来说，氮、磷、钾三种元素是茶树最基本的营养成分，三者缺一不可。但作为叶用作物的茶树，氮尤为重要，要提高茶叶产量，适当增加氮肥用量可靠的措施。磷、钾肥的使用，有利于茶树骨架的形成，在茶树幼年期，应该多施用磷、钾肥。

氮、磷、钾肥对茶叶化学成分的影响是十分明显的。试验表明：施用氮肥对增加茶叶中的总氮量和氨基酸含量有益，但单施氮肥有降低茶多酚含量的趋势，而磷钾肥配施能提高茶多酚的含量。氮、磷、钾三者配合施用时，茶多酚和氨基酸的含量都可兼顾，可见只有三要素配合施用时，茶叶品质才能全面提高，茶叶产量才能稳步上升。

施用氮肥可提高茶叶中的蛋白质、叶绿素等含氮物和氨基酸的含量，因此在绿茶生产中往往施用较多的氮肥，这对绿茶的品质有利；但是施氮肥过多，茶多酚含量会有减少的趋势，这在红茶产区尤应引起重视。红茶地区应施较多的磷、钾肥，有利于碳代谢，对红茶品质有利。

茶园施肥，除施用化学肥料以外，更重要的是要多施有机肥料。有机肥料（如饼肥、厩肥、土杂肥、绿肥等）营养比较全面，除氮、磷、钾等营养元素以外，还有许多微量元素（硼、锌、镁、铁、铜、钼等），对茶叶品质起至关重要的作用。有机肥在腐烂以后，产生各种腐殖酸，能改良土壤的团粒结构，增加土壤通透性和保水性，改善土壤环境，使茶树芽叶肥硕，持嫩性好。研究结果表明，多施有机肥的茶园，可显著提高茶汤水浸出物的含量，对增加茶汤滋味的浓度极为有利。杭州西湖龙井茶的品质是绿茶的佼佼者，西湖龙井地区的茶农每年都于秋、冬季节在茶园中大量施用茶籽饼等有机肥作基肥，这与西湖龙井茶的香高味醇独特的品质不无关系。

（二）温度

茶树体内的物质代谢是受各种酶控制的。同一个茶树品种在不同温度条件下茶树内各种酶活性表现不一，物质代谢方向和速度不一样。影响茶树生长的温度，可以由一年里的季节变化，种植的纬度和海拔高度决定，体现主要成分有明显差异。

茶树生长的起点温度，早生品种约8℃，中生品种10℃左右；10～35℃茶树都能正常生长，但18～35℃是茶树的最适宜温度。在最适宜温度期，茶芽生长旺盛，品质也好。在10～35℃范围，随着温度的升高，茶树体内糖类的合成、运输和转化是加快的，由糖转化而成的茶多酚的代谢加快。因此在温度高的夏、秋季合成的茶多酚比温度较低的春季多得多，酚氨比大，适制红茶；与此相反，在春季气温较低时，有利于氨基酸的运输和积累，酚氨比值小，适制绿茶。

气温过高，不少氨基酸会加速分解，因此，夏季期间氨基酸的含量明显下降。所以春茶和夏茶品质上的明显区别就是气温不同引起茶树体内物质代谢上的变化而形成的。当温度超过35℃，茶树的生理活动受到压制时，内含物的分解和转化不论是红茶还是绿茶的品质都变得较差。

夏茶季节，由于气温升高，还有利于花青素的形成，无论对红茶、绿茶都是不利的。我国广东、云南、海南等地许多热带茶园，常种植遮阴树或进行喷灌来降温，这是提高茶叶品质的有效措施。温度过高与日照往往联系在一起，日照量大，太阳辐射量大，往往也是高温季节，在这种条件下，氮代谢不能顺利进行，茶叶氨基酸含量就会明显下降。

（三）光照

光是绿色植物的生存条件之一，也正是绿色植物通过光合作用将光能转化为化学能，为地球上的生物提供了生命活动的能源。光照是基础，如果没有光照，再多的肥料、水分以及再合适的温度，都是无益的，因为植物根本无法正常生长。植物只有在光照的条件下，才能进行光合作用，只有光合作用，才能合成植物所需要的有机物质。可见光照对植物而言如同吃饭对我们人类一样重要。假如没有光照，叶绿素的合成、花青素的形成、水分的吸收与蒸腾、细胞质的流动等生命活动都无法进行。其中，光照对茶叶品质的影响主要是光照强度和光质。

1. 光照强度

茶树起源于我国的西南部森林地带，在长期的系统发育过程中，适应于满射光的条件下生长，所以云南、广东、广西等地的原始型大叶品种对光照强度的要求较低；相反，中小叶品种由于所处环境不同于森林条件，对光照强度的要求较高。鉴于这种情况，我国南方一些茶区，常利用遮阴（如云南的胶、茶间作等）来提高茶叶产量和改进品质。据试验，适当遮阴（当荫蔽度达到30%~40%时），不仅有利于茶叶干物质的积累、提高茶叶产量，而且还对茶树本身物质代谢产生影响。遮光后，碳代谢明显受抑制，糖类、茶多酚物质的含量有所下降；而氮代谢明显加强，氮、咖啡碱、氨基酸的含量增加。因此，遮光处理后有利于绿茶品质的提高。试验还表明，过弱或过强的光照对茶叶中氨基酸的合成和累积都不利，当日照量为 $12552 \sim 16736 kJ/m^2$ 时，茶树新梢中氨基酸含量最高。在较弱的光照条件下，茶多酚的含量有所下降。总的来说，这样的光照对绿茶品质有利。如日本的雨露茶生产，都是在遮阴的条件下进行的。遮光条件下还可以减少粗纤维的形成，有利于提高茶叶品质。

2. 光质

光质对茶叶品质也是有关系的，利用不同颜色覆盖物进行茶树遮阴实验表明，用黄色遮阴网覆盖，去除自然光中的蓝紫色光后，茶芽生长旺盛，持嫩性增强，茶叶中叶绿素、氨基酸和水分含量明显提高，而茶多酚反而有所下降。这对改进绿茶的色泽和滋味都有利。在夏茶高温季节，采用覆盖黄色遮阳网这种措施，消除部分蓝紫色光可明显提高绿茶品质。在云雾多的山区，也由于云雾对光的折射，减少了蓝紫色光的照射，使绿茶的品质更高。

（四）水分

水是一切生命活动必不可少的重要因素，光合作用、呼吸作用、养分吸收、物质的形成与转化等都离不开水。所以说，没有水就没有生命。

茶树的生长发育过程中，根系从土壤中吸收大量的水分。吸收来的水分虽然一部分供给光合作用，一部分积蓄在茶树体内，但大部分是从叶片的气孔蒸腾而散发。茶树蒸腾作用的结果，一方面可以调节温度，另一方面还有利于茶树根系吸收更多的养分。

茶园供水不良的情况下，茶树生长发育会受到严重影响。表现为生长迟缓、停顿甚至枯焦死亡。同时，茶树体内的物质代谢趋向水解，单糖和双糖增加，淀粉含量减少，蛋白质、茶多酚的合成受阻，含量急剧下降。试验分析，干旱条件下，茶树由于干旱缺水，新梢中含水量不到70%随着叶皮的枯焦程度的加重，含水量急剧下降。由于水分含量的减少，物质代谢异常，叶绿素含量显著下降。因此，光合作用受阻，物质合成代谢受到影响。从儿茶素和氨基酸的含量上看，随着叶片枯焦程度加重，其合成速度和累积量明显下降。由此可见，茶树缺水，不仅产量降低，而且品质也将大大下降。因此，干旱期间灌溉是茶园获得高产优质的重要技术措施。

八、季节与茶叶品质关系

茶树年生长发育周期内，受气温、雨量、日照等季节气候的影响，以及茶树自身营养条件的差异，加工成的各季茶叶品质也不一样。"春茶苦、夏茶涩、要喝好茶，秋白露（指秋天）"，这是人们对季节茶叶自然品质的概括。

按照农历二十四节气分，一般从春天茶园开采日起到小满前所产茶叶，人们称为春茶；从小满到立秋前所产茶叶，为夏茶；由立秋到封园为止所产茶叶，为秋茶。少数南方茶区还有冬茶（11~12月）。由于不同季节所处的生态环境、日照、气温、降水量、湿度及茶园肥培营养条件不同，茶树新梢的生育特征、物理性状和化学成分的含量均有所不同。成茶品质当然也不尽相同。

夏季气温高，日照强度大，有利于茶树碳代谢进行，糖化合物的形成和转化比较多，茶多酚含量高，酯型儿茶素（苦且涩滋味）氨基酸含量明显下降，带苦涩味和花青素、咖啡碱含量增加，具清香型的戊烯醇、已烯醇含量降低。芽叶瘦小，叶张薄，紫芽多，用它制成绿茶外形条索轻飘，香气不浓，滋味苦涩，欠鲜爽，叶底花青，品质差。

秋茶生长的气候条件介于春夏之间。晚秋的气温降低，多在约28℃，有利于花香型的芳香物质（如苯乙醇、苯乙醛）形成，茶叶常带花香，对制成乌龙茶十分有利，但因空气湿度较低，茶树本身营养条件欠佳，芽叶瘦小，叶张薄、大小不一，叶底发脆，叶色泛黄，紫芽较多。用这种原料制成绿茶，常会有汤色青绿、叶底花青偏暗和香气、滋味平淡等弊病。

课后思考题

1. 影响茶叶的化学因子有哪些？

2. 六大茶类的生化化学原理是怎样的？

3. 生态环境与茶叶品质有什么关系？

4. 不同季节的茶叶品质主要体现在哪些方面？

参考文献

［1］杨丰. 政和白茶（第二版）［M］. 北京：中国农业出版社，2017.

［2］宛晓春. 茶叶生物化学［M］. 北京：中国农业出版社，2016.

［3］陈宗懋，俞永明，梁国彪，等. 品茶国鉴［M］. 南京：译林出版社，2019.

项目二

茶叶鉴评技术基础知识

知识目标

（1）掌握茶叶鉴评技术的概念。

（2）掌握茶叶鉴评的环境设施要求。

（3）了解评茶人员要求。

技能目标

（1）具备开展评茶准备工作的能力。

（2）具备常规茶类茶叶鉴评方法与运用的能力。

必备知识

茶叶鉴评是一项技术性较高的工作，除评茶员应具备敏锐的审辨能力和丰富的实践经验外，还应有良好的鉴评环境、统一标准的评茶用具和科学实用的操作方法，以尽量减少外界影响而产生的误差，使茶叶品质鉴评取得正确结果。

一、茶叶鉴评技术的概念

茶叶鉴评重在对茶叶的鉴别与评价，传统茶叶鉴评即通过感觉器官对茶叶各项因子进行综合评鉴，是对茶叶品质进行综合评定的过程，茶叶鉴评技术就是指通过感官评价对茶叶优次进行综合评价的方法与技术。茶叶感官评价是指通过人体的感觉器官视觉、嗅觉、味觉、触觉来评价茶叶品质的色、香、味、形，从而综合评定茶叶品质的优次。

视觉：鉴评干茶和叶底的形状及色泽，茶汤的色泽。根据形状松紧、整碎、净杂、叶质老嫩、厚薄，开展情况，发酵的程度及均匀度，色泽的深浅明暗等来判定品质的优次。

嗅觉：判别茶叶香气，根据香气的幽、锐、浓、粗等来评定品质的优次。

味觉：判别茶叶滋味，根据滋味的醇爽、浓淡、甘涩等来评定品质的优次。

触觉：鉴评干茶和叶底，根据干茶身骨轻重、干燥程度、叶底软硬等判定品质的优次。

二、茶叶鉴评环境设施

（一）环境要求

外部环境条件：要求清静，远离闹市的地区，空气清新，以避免嘈杂的环境和污浊的空气对鉴评过程中工作人员感觉器官灵敏度的影响。根据茶叶感官鉴评室基本条件，鉴评室应建立在地势干燥、环境清静、无反射光、周围无异气污染的地区。

室内环境条件：应空气清新，无异气味，室内安静，整洁，明亮。温度和湿度应使感官鉴评人员感觉适宜，一般温度适宜保持在15~27℃，室内相对湿度不超过70%。鉴评工作期间，噪声不超过50dB。感官评茶对光线的要求较高，鉴评室的光线要充足明亮，均匀一致，无异色反光，如采用人造光，灯管色温宜为5000k~6000k。鉴评室内的墙壁和天花板应刷成白色或接近白色，地面宜为浅灰色或较深灰色，使室内光线柔和明亮。

方位要求：为了避免夏天正午强眩光的干扰，影响鉴评人员的感官鉴评，鉴评室一般应背南向北开窗，同时，窗外无阻挡光线的障碍物，有条件的应在北窗口外装置一排黑色斜斗形的遮光板，使该光板向外突出，采光窗一般高度为2m，倾斜度为30°，半壁涂无反色光黑色漆，顶部镶无色透明玻璃，以保持光线稳定，避免光线影响茶叶品质评价结果，从而提高评茶的准确性。

（二）设备要求

1. 评茶桌

（1）干评台：是评定茶叶外形的工作台，一般高800~900mm，宽600~750mm，长度依实际需要而定，台面漆成无反射光的黑色，靠北窗口安放。

（2）湿评台：是评定茶叶内质的工作台，一般高750~800mm，宽450~500mm，长度以1500mm为宜或根据实际需要而定，台面漆成无反射光的乳白色，一般安放在工作台后

1m 左右。

2. 评茶用具

茶叶鉴评是科学严谨的，评茶用具要规格一致，所有用具必须专用。

（1）鉴评杯碗：鉴评杯碗为醇白瓷烧制，各杯、碗的厚薄、大小和色泽要求一致。红、绿、黄、白等初制（毛茶）审评杯碗：杯高 75mm，外径 80mm，容量 250ml。为盖上有一小孔的圆柱形杯，与杯柄相对的杯口上缘有三个呈锯齿形的小缺，缺口中心深 4mm，宽 2.5mm，便于带盖把杯中的茶汤沥入评茶碗中，碗高 71mm，上外径 112mm，容量 440ml。红、绿、黄、白等成品茶（精制茶）鉴评杯碗：杯高 66mm，外径 67mm，容量 150ml。为盖上有一小孔的圆柱形杯，与杯柄相对的杯口上缘有三个呈锯齿形的小缺口，缺口中心深 3mm。碗高 56mm，上外径 95mm，容量 240ml。乌龙茶审评杯碗：呈倒钟形瓯，高 52mm，上内径 83mm，容量 110ml，带盖，盖外径 72mm。碗高 51mm，上外径 95mm，容量 160ml。

（2）评茶盘、扦样匾等。评茶盘用无气味的木板或胶合板制成正方形的盘，外围边长 230mm，边高 33mm，盘的一角开有缺口，以便倒茶。涂成无反射光的乳白色。分样盘用木板或胶合板制成，正方形。内围边长 320mm，边高 35mm，盘的相对两角开有缺口，涂成无反射光的乳白色。扦样匾用竹编成，圆形，直径 1000mm，边高 30mm。扦样盘为正方形内围边长 500mm、高 35mm 并带一缺口的白色木板或胶合板制盘。叶底盘即黑色小木盘或白色搪瓷盘。黑色小木盘为正方形，边长 100mm，边高 15mm。搪瓷盘为长方形，长 230mm，宽 170mm，边高 30mm，一般供审评毛茶叶底用。一般评茶盘和匾均编上顺序号码。

（3）其他评茶用具。称茶器用以称取样茶，一般采用感量为 0.1g 的架盘药物天平，现也有用电子秤进行称茶，精准度控制在 0.1g 以内。计时器供确定茶叶冲泡时间用。可用特制的沙时计或定时器，精准到秒。吐茶桶供评茶时吐茶汁及盛茶渣用，高 800mm，350mm，中腰直径 200mm，传统也可以置钵盂于木架上代替它。网匙用以捞取鉴评碗内和茶汤中碎茶片。是用细密铜丝制成的半圆斗形小勺子。茶匙用于品尝茶汤滋味，一般为瓷瓢，容量 10ml 左右。烧水壶一般用不锈钢等材质制成，容量根据需要确定。鉴评用的杯碗、扦样匾（盘）和叶底盘（漂盘）等用具可根据日常评茶工作量的大小，置备充足。

3. 相关配备

（1）样品室：应干燥无异味，温度低于 20℃，湿度宜低于 50%。鉴评室内可配置适当的样茶柜或样茶架，用以存放茶叶，或单独存放于建立的样品室内。

（2）其他相关设备：样品室同时可配备温湿度计、空调去湿机等，需要时还可配备制冷设备或冰箱等适用于代表性茶样及实物标准样的低温储存要求，制备茶样过程中同时需要工作台、分样盘、分样器（盘）、茶罐等相关设备，同时满足照明及消防设施要求。

三、评茶人员要求

茶叶鉴评是一门综合实用技术，作为一名评茶人员首先应具备良好的身体条件，同时具有良好的职业道德，其次应加强基础理论知识的学习，将理论与实际操作技能有机地结合起来，并在日常鉴评过程中不断地累积经验，善于总结。

（一）身体条件

1. 评茶人员必须身体健康，不得是肝炎、结核等传染病患者。

2. 评茶人员必须具备正常的视觉、嗅觉、味觉和触觉。凡符合下列全部条件即可视为感觉器官正常。

视力：按国际标准视力表，裸眼或矫正后视力不低于 1.0。

辨色：无色盲。以重铬酸钾分别配成浓度为 0.10%、0.15%、0.20%、0.25%、0.30% 的水溶液色阶，密码评比，能由浅至深顺序排列者。

嗅觉：以香草、玫瑰、苦杏、茉莉、柠檬、薄荷等芳香物，分别配成不同浓度水溶液，能正确识别，且灵敏度接近多数人平均阈值者。

味觉：以奎宁、蔗糖、柠檬酸、氯化钠、谷氨酸钠等分别配成不同浓度水溶液，能正确识别，且灵敏度接近多数人平均阈值者。

3. 评茶人员应无不良嗜好。无嗜酒、吸烟习惯，评茶前不吃油腻及辛辣食品，不涂擦芳香气味的化妆用品。在评茶过程中，应经常用清水漱口，以消除口腔杂味及茶味。

4. 评茶人员持续评茶 2 小时以上，应稍事休息，以避免感官疲劳。

（二）能力要求

1. 具有良好的职业道德，能实事求是，秉公办事。

2. 具有独立完成评茶工作的能力，并对评茶结果进行记录、总结和分析的能力。

3. 有一定的学习能力和语言表达能力。

4. 具有相应的茶专业知识，注重评茶实践经验积累。

5. 在评茶领域中具有发现问题、分析问题和解决问题的能力，并有一定的创新意识。

四、准备工作

茶叶鉴评过程中，评茶人员的规范化操作直接影响鉴评的结果，充足的茶叶鉴评准备工作可以为茶叶鉴评的准确度提供必要的保障。茶叶鉴评准备工作包括实物标准样的准备、扦取茶样准备、用水准备及评茶准备等四个方面的内容。

（一）实物标准样的准备

1. 我国现行的茶叶标准样

我国现行的茶叶标准样主要有毛茶标准样、加工标准样和贸易标准样三大类。毛茶标准样又称毛茶收购实物标准样，是收购毛茶的质量标准，是对样评茶，正确评定毛茶等级及价格的实物依据。加工标准样又称加工验收统一标准样，是毛茶加工成各种外销、内销、边销成品茶对样加工样，使产品质量规格化的实物依据，也是成品茶交接验收的主要依据。各类茶叶加工标准样1953年开始制定，其中内销、边销茶加工标准样根据各地区产品特点和传统风格制定，由内贸主管茶叶部门审定和管理，而外销茶有红茶、绿茶、乌龙茶、压制茶等。贸易标准样专指对外贸易标准样，是国际茶叶贸易中成交计价和货物交接的实物依据。我国贸易标准样茶于1954年开始建立，首先从大宗出口绿茶着手建立等级标准茶号，接着建立了外销工夫红茶、小种红茶、乌龙茶、白茶等其他茶类的等级标准样茶，至1962年已初步达到了贸易标准样规格化和标准化的要求。

2. 准备实物标准样的目的

茶叶的实物标准样是准确评定茶叶品质好差的依据，是衡量茶叶品质高低的标尺，通过细致的比较才能准确地鉴别茶叶品质的优劣和等级高低。只有在实物标准样或成交样等的对比下，干湿兼评，内外并重，找差距、比高低，以货比货的方法对所评茶进行综合评比，即实行对样评茶，才能确定综合品质差距、各因子之间的品质差距的大小。评茶一般不看单样，就是这个道理。

3. 实物标准样的存放环境要求

茶叶实物标准样应该有保质的包装，一般应有专人负责保管，存放于样品室中干燥的橱、柜等位置，传统的还有放置在内置生石灰的缸、铁箱等容器中。样品室应避免直射光、高温高湿及异常气味，有条件的，实物标准样存放环境下的样品室保持低温，温度以5~10℃为宜，特定条件下也有将实物样置放于冷柜中低温贮存，以保证在较长时间内最大限度维持实物标准样的品质水平，避免受热或受潮后变质走样。

4. 实物标准样的准备

首先应根据来样要求，准备相应的实物标准样；其次应了解实物标准样的等级设置情况，共设置了几个等级，是从一级到五级的还是从特级到四级等。实物标准样开启使用时，先将茶样罐中的标准样茶全部倒在分样盘中，拌匀后按对角四分法分取适宜数量，置入编有号码的评茶盘中，在评茶时对照使用，其余标准样茶倒回原罐。实物标准样使用完毕，须及时装罐，装罐前先将相同级别的罐、盘核对正确，再依次倒入样茶罐中。

5. 实物标准样级别

一般红、绿毛茶实物标准样的设置是以鲜叶原料为基础的，而鲜叶原料又以芽叶的嫩度为主体，一般嫩度越高等级越高，嫩度越低等级越低，根据生产实际和合理定价的需要，可以划分为5至7个级。一级标准样，通常以一芽一、二叶原料为主体；二、三级标准样，通常以一芽二、三叶原料为主体，并有相应嫩度的夹叶；四、五级标准样通常以一芽三、四叶和相应嫩度的对夹叶为主体；六级和六级以下的标准样，一般以对夹叶或较粗大的一芽三四叶所制成，也就是说原料嫩度是划分红绿毛茶品质、等级的基础。

乌龙茶类由于采制要求不同，即乌龙茶类需要采摘有一定成熟度的鲜叶原料进行加工，因此其等级的划分是以品种为主体，同时结合芽叶的成熟度来进行划分的。一般单一品种的乌龙茶非常注重品种的醇度，如高档铁观音就要求由优质的本山、奇兰、毛蟹、黄金桂等品种组成。乌龙毛茶标准样一般设置五个级，以三级六等为中准水平，往上推出一级二等、二级四等，往下推出四级八等、五级十等，五级一般不设实物样。

6. 根据来样要求，准备实物标准样和文字标准

首先根据来样的茶叶类别，确定适用哪一大茶类的标准，是红茶类或绿茶类或乌龙茶类等，其次根据客户的要求或客户认可的标准来准备相应类别的文字标准和实物标准样。我国现行的茶叶标准按标准管理权限和范围不同，有国家标准、行业标准、地方标准和企业标准四大类，如果企业已制定了企业标准，则应按企业标准对来样进行鉴评和判定。在准备实物标准时须注意，由于茶叶实物标准样往往采用预留上一年的生产样或销售样作为当年制作实物标准样的原料，其内质往往已陈化，香气、汤色、滋味等因子已无可比性，因此在实际对样评茶时，外形按实物标准样进行定等定级，内质按叶底嫩匀度定等定级，香气、滋味、汤色等因子应采用相应的文字标准作为对照。文字标准是实物标准样的补充。

（二）扦取茶样准备

扦样是评茶工作的开始，扦取的茶样是评定茶叶品质优次的依据，评茶是否准确，能否代表全面，是评价鉴评结果正确与否的关键。

1. 扦取茶样

扦样是指从大堆（批）样品中取出一定数量的具有代表性的样品，样本数量小的情况下，往往采用一次随机取样法抽取。扦样所取样品数量，原则上应为检测、鉴评需用量的二倍，总量一般为 500g，平均分为两份，一份供检验、鉴评用，一份作为备样，所扦取的茶叶要注意具备代表性。

（1）初制茶即毛茶取样方法一般包括匀堆取样法、就件取样法和随机取样法三种。

匀堆取样法：是指将茶叶匀堆后从堆的不同部位扦取不少于八个点的茶样。

就件取样法：是指从每件茶样的上中下左右共五个部位各扦取适宜茶量倒入扦样匾（盘）后鉴评茶样品质是否一致，如果存在差异则需将该件茶样倒出充分均样后再扦取鉴评茶样。

随机取样法：是指大批检验过程中抽取规定件数随机抽件后按照就件取样法进行扦取茶样的方法。取样件数根据 GB/T 8302《茶取样》中茶取样方法进行（如表 2-1）。

（2）成品（精致）茶取样方法按照 GB/T 8302《茶取样》方法规定进行。

表 2-1　茶取样方法

件数（件）	取件数（件）
1~5	1
6~50	2
50 件以上，每增加 50 件	增取 1 件
500 件以上，每增加 100 件	增取 1 件
1000 件以上，每增加 500 件	增取 1 件
—	—

2. 分样匀样

分样是把大堆茶样进行均匀缩分，达到鉴评所需的茶叶数量。为保证评茶时茶样的准确性和代表性，对抽取的样茶要进行匀样，将评茶盘中的茶样充分均匀。

匀样做法：取一空茶样盘，将茶样从盘的缺口慢慢洒落倾倒入空茶样盘，来回倾倒2~3次即可，以使茶样充分均匀。

把盘做法：将茶样倒入评茶盘中，双手握住评茶盘的两对角边沿，虎口封住茶盘的小缺口，用回旋筛转的方法进行摇盘与收盘。

3. 称样

称样前先调好称量器具，因为称取的茶样将代表整批茶叶的品质水平，一定要准确及注重代表性。

称茶器使用规范：如用天平进行称茶，需先将天平放置于水平地方，游码归 0，调解天平两端平衡螺母至指针对准中央刻度线，左物右码进行称茶，即将所称茶样放置在天平左侧，或校准后将游码调至所需刻度，由天平左侧称取所需茶量。如用电子称等其他称茶设备，称茶前均需归 0。

称样方法：大拇指张开，食指和中指并拢，从待鉴评茶样盘堆面向堆中抓取，放入天平盘中称量，红绿茶一般毛茶样为 5g，精茶样为 3g，乌龙茶柱形杯鉴评称取 3g，倒入钟形盖碗鉴评称取 5g，其他茶样称取克数按照标准规定执行，后倒入鉴评杯中，杯盖放入鉴评碗内。

（三）用水准备

评茶用水直接影响所评茶叶品质的呈现，评茶用水的优劣，对茶叶色香味影响极大，如水质差会使茶叶的香气滋味受到严重影响，而冲泡温度的高低也同样影响茶汤有效物质的浸出，不同的茶水比则影响茶叶水浸出物质的浸出比例，另外，冲泡方法中水注力度的大小对茶叶品质也有影响。所以，评茶用水标准、评茶水温、茶水比例等都是评茶用水准备的关键。

1. 评茶用水标准

凡新鲜的雨水、自来水、井水和地表水等符合下列条件的均可作为评茶用水。

（1）理化指标及卫生指标应符合中华人民共和国 GB5149《生活饮用水卫生标准》的规定。水的 pH 值在 5.5~6.5 之间为好。

（2）水质应无色，透明，无沉淀，不得含有杂质。

（3）评茶以深井水、自然界中的矿泉水及山区流动的溪水较好。

（4）一般自来水可采用净水器过滤，去除铁锈等杂质，提高水质的醇净度。

2. 评茶水温

泡茶用水以 100° 水温的开水为宜，即水沸滚宜立即冲泡。如用久煮或用热水瓶中开过的水继续回炉煮开后再冲泡，对茶汤滋味的新鲜度影响较大。若用未沸的水冲泡茶叶，则茶叶中水浸出物不能最大限度地泡出，会影响香气、滋味的准确评价。

评水的温度也受鉴评用具温度的影响，由于鉴评杯在开始鉴评前是冷的，包括茶叶也是降低水温影响因素之一，如果开水冲入未温洗的鉴评杯碗，水温很快便会降低，浸泡 5min 后温度降低较快。为了保持鉴评过程中的水温，最好在泡茶前先把评茶用具用开水烫热。特别是乌龙茶等茶类，必须保持茶杯茶碗烫热，保持鉴评杯碗温度以使鉴评过程中茶汤温度保持在较高的水平上，满足冲泡程序过程中尝滋味时汤温保持在适宜范围。

3. 茶水比例

评茶的用茶量和冲泡的用水量多少，对茶味浓淡和液层厚薄有很大关系。鉴评时茶多水少，叶难泡开，滋味过分浓厚；反之，茶少水多，汤味则太过淡薄。同量茶样而冲泡用水量不同，或用水量相同而用茶量不同，都会影响茶叶香气及汤味的差别，或使鉴评过程品质评定发生偏差。

鉴评茶叶品质往往多种茶样同时冲泡进行比较和鉴定，用水量必须一致，国际上鉴评红、绿、黄、白、乌龙（青）、黑茶，一般所采用的比例是 3g 茶叶用 150ml 水冲泡。如毛茶鉴评杯容量为 250ml，应称取茶样 5g，茶水比例为 1∶50。国标同时规定，鉴评岩茶、铁观音、单丛等乌龙（青）茶类时，因品种要求着重香味并重视耐泡次数，用特制呈倒钟形盖碗鉴评其容量为 110ml，投入 5g 茶，茶水的比例为 1∶22。

至于各种紧压茶由于销售对象不同，饮用方法不同，鉴评用水用茶数量，冲或煮以及浸出时间各有不同。国标上紧压茶（柱形杯鉴评法）规定称取 3g 或 5g 茶水比 1∶50 的代表性茶样进行鉴评，而一般原料较粗老的，鉴评时采用煮渍法，原料比较嫩的采用冲泡。凡采取冲泡法的，茶水比例多为 1∶50，而煮渍法的则为 1∶80。

（四）评茶准备

为了提高茶叶审评的工作效率和审评结果的准确性，要有一套合理规范的评茶程序，顺序进行，确保一致，减少误差。

在评茶前，要先用电热水煲（传统还有用生炉子）烧开水，接着清理好评茶台，把要用的扦样匾（盘）、评茶杯碗、叶底盘（漂盘）、砂时计（定时钟）以及茶匙、网匙等分别安放在评茶台的适当位置上，并将杯盖揭开放在碗中。样茶盘、叶底盘等应按编号顺序排列。鉴评杯碗如有编号，应按顺序排列。茶匙可用一只汤碗摆放，碗里盛上开水，以备退取茶汤时洗涤。随后取出需用的各级标准样茶或鉴评茶样，依等级或序号列好，按标准样使用方法分取适量置于样盘中，再将待评样茶编排好序号，依次用对角取样法分取适量置于样盘中。如待评样茶只数较多，可分批进行，每批一般以五个样茶为宜。各项准备工作都做好后，即可开始评茶。

五、茶叶鉴评方法与运用

根据评茶相关标准，运用科学的茶叶鉴评方法是对茶叶进行规范品质鉴别的重要手段。茶叶鉴评方法包括分样、鉴评程序，干看外形、湿看内质等。

（一）分样

不同茶类在分样用品用具、操作方法与步骤及分样过程上均有所不同，规范的分样操作流程是称取代表性茶叶的基础。分样用具一般包括分样盘、分样尺、评茶盘、样茶匾、茶样罐、小铁锤、电锯或木工锯、电钻、分样器、样品标签纸等。分样应在样品室内进行，应保证室内清洁干燥，无异气味，无阳光直射，同时分样器、电钻等器具应干燥清洁，无铁锈、无异气味。其中，分样的操作方法和步骤、压制茶的分样等均有讲究。

1. 操作方法和步骤

（1）对角四分法分样

即将样茶拌匀摇拢，用手掌或用分样板通过中心点从上到下十字劈开，取其对角的两边。如数量过多可反复称取。

（2）分样器分样

采用来回倾倒的方法，将试样倒入分样器上端的分样斗中，并使试样在分样斗中的厚度达到一致，倒满后，用手轻轻抚平，注意茶样不应超过分样斗边沿。打开中层隔板，使茶样经分样器内多格分隔槽自然洒落于两边的接茶器中，抽出接茶器即为两份试样，取其中的一份试样作为检验用样。

2. 压制茶的分样

（1）压制成块（个）茶的分样

压制成块（个）的茶主要指砖形茶、枕形茶、沱茶、饼茶等团块形茶，当数量较少，且单个或单块茶重量在500g以上时，如砖茶等，则可将茶团或茶块对半分成二份，每个或每块茶样取一份，用小铁锤敲散混匀，即成一份试样。若单个或单块茶重量在500g以下时，如沱茶等，则可将茶团或茶块对半分成二份，每个或每块茶样取一份，用小铁锤敲散混匀后成一份试样。

当团体形压制茶数量较多时，可在每个或每块茶样上选取5个点，一般块形茶选取四角及中心5个采样点，团形茶选择顶端及四周5个采样点，用电钻或台钻钻洞取样，将同一批次的各个或各块茶样采下的样品混合均匀，再按对角四分法缩分成一份试样。

（2）篓装茶的分样

篓装茶主要指六堡茶、方包茶等压制在竹篓或篾包中的茶，取样时在篓装茶的上、中、下部位用电钻钻洞，再将同一批次采下的样品混合，用对角四分法缩分成一份试样。

（二）评茶程序

茶叶品质优次表现在外形和内质两方面，因此，茶叶鉴评也分为外形、内质两部分，一般先鉴评外形，俗称"干评外形，湿评内质"。由于同类茶的外形、内质常有不一致的现象，所以，鉴评时必须外形内质兼评。

评茶的程序，一般是：把盘、称取开汤样、干看外形、冲泡开汤、嗅香气、看汤色、尝滋味、看叶底等顺序进行。也可以称取开汤样后即冲泡，然后仍按上述次序进行，如冲泡 5min 后，外形尚未看可中间暂停，转评香气、汤色、滋味后，再补看外形，最后看叶底，而毛茶的鉴评，在称取开汤样之前，还应先感官（或用水分电测仪）测定毛茶含水量。

1. 把盘：包括摇盘和收盘的方法。

2. 称取开汤样：包括称样手法的规范操作。

3. 干看外形：主要掌握干看外形基本原理、操作方法和步骤等，详见本项目"（三）干看外形"相关知识。

4. 冲泡开汤：详见本项目"（四）湿看内质"中"冲泡"内容。

5. 嗅香气：详见本项目"（四）湿看内质"中"嗅香气"内容。

6. 看汤色：详见本项目"（四）湿看内质"中"看汤色"内容。

7. 尝滋味：详见本项目"（四）湿看内质"中"尝滋味"内容。

8. 看叶底：详见本项目"（四）湿看内质"中"看叶底"内容。

（三）干看外形

1. 外形评比的基本原理

一份茶叶样品是由许多形态各异的个体组成的，它们形成了茶叶的不同品质特征，表现在外观上，有各种形状、色泽、匀整度等的区别。如从形状上可以区分茶叶的类别、花色及等级；从色泽上可以区分茶叶的品类及新陈；从匀整度上可以知道茶叶加工技术的好与差，原料的老与嫩等。因此，茶叶品质的好坏首先可以从外形上进行鉴评，外形是决定茶叶品质的一个重要项目。但外形的评比又有一定的方法和规律，掌握了评比的方法和规律才能正确评定茶叶外形各因子优劣。

2. 用品用具

用品用具包括评茶盘、叶底盘、评茶杯碗、称茶器具、计时器、茶匙、搪瓷瓢或不锈钢匙、烧水壶或热水瓶、吐茶桶等。

3. 操作方法和步骤

（1）摇盘

摇盘的要求：摇盘时既要使茶叶回旋转动，按茶叶的轻重、大小、长短、粗细的不同，均匀而有次序地分布在样盘中，又要注意动作轻重适中，避免盘中茶叶撒出而影响整盘茶叶的代表性。

摇盘的手法：将缩分后的茶样倒入评茶盘中，双手握住评茶盘的两对角边沿，右手虎封住茶盘的倒茶小缺口，用回旋筛转的方法，使盘中茶叶顺着盘沿回旋转动。摇盘是评比除紧压茶、袋泡茶以外的大宗茶类外形时的第一个操作步骤，俗称把盘或摇样盘，摇盘的熟练掌握直接影响所取茶样是否具有代表性。

（2）收盘

收盘的要求：收盘后茶叶在盘中分出三层，比较粗长松飘的茶叶浮在馒头形堆的表面，称为面张茶或上段茶；细紧重实的茶叶集中于堆的中层，称为中段茶；细小的碎片末茶沉积于堆的底层，称为下段茶或下身茶。

收盘的手法：收盘时运用手腕的力量前后左右颠簸，使盘中茶叶收拢集中成为馒头形。收盘时注意盘的颠簸幅度应适中，把细小的碎茶和片末收在馒头形堆的底部，不能将盘中茶叶颠得太高，将碎茶和片末挑到堆面，影响整盘茶的评比。

4. 外形评比的内容

（1）评比形状：条形茶、圆形茶、紧压茶、篓装茶等。

条形茶：首先看面张茶的比例是否恰当。将标准样和评比样分别摇盘、收盘后，观看评比样的面张茶能否盖住整个堆面；然后对照标准样评比条索的粗细、松紧、挺直或弯曲、芽的含量和有无锋苗。看完面张茶后，左右手分别轻轻抓一把标准样和评比样，翻转手掌评比中段茶的粗细、松紧、轻重、老嫩、芽毫的含量及是否显锋苗。抓取茶样时应注意手势要轻，避免捏碎茶样，同时应从中间、左右角等各个位置与标准样进行评比。最后评比下段茶细条或颗粒的轻重、碎芽尖或片末的含量。一般红绿毛茶非常注重鲜叶原料的嫩匀度，其条索以细紧或肥壮披毫、显锋苗，身骨重实，下段碎片末含量少为好，条松或粗松、无锋苗，身骨轻，下段碎片末含量多为品质差的表现。

圆形茶：圆形茶外形评比一般包括评茶匾鉴评法和评茶盘鉴评法两种。评茶匾鉴评法鉴评圆炒青毛茶外形时，一般将评比样置于茶样匾中，双手握住样匾的边沿，使匾中茶叶回旋筛转，称摇样匾；反向旋转称收匾，使茶样收拢集中成馒头形。运用"削"或"切"的手法，将茶样由馒头形堆脚轻轻地一层一层削开，每削一层，评比一层，直削至底层。将削好的各层茶均匀拉平，并将样匾左右摇摆两下，使各层茶按颗粒大小由前到后均匀平铺在样匾中，然后对照标准样由前到后仔细评比颗粒的大小、松紧、是否细圆紧结或松扁开口、身骨的轻重以及碎茶及片末的含量。评茶盘鉴评法评一般用于圆炒青毛茶、精制茶或其他圆形茶外形鉴评，将评比茶样倒入评茶盘中，摇盘、收盘后先评比面张茶是否能盖住堆面，再对照标准样评比面张颗粒的大小、圆结或松扁，有无露黄头；然后左右手各抓一把评比样和标准样，翻转手掌评比中段茶颗粒的圆结度及是否松扁开口，身骨的轻重；

最后评比下段茶细小颗粒的轻重，是否为本茶本末及碎片末的含量情况。一般圆形茶外形以细圆紧结或圆结，身骨重实为好；松扁开口，露黄头，身骨轻为品质差的表现。

紧压茶：压制成块（个）的茶评比形状规格、松紧、匀整和光洁度。砖形茶看其砖块规格的大小，棱角是否分明，厚薄是否均匀以及压制的紧实度和砖块表面是否光洁，有没有龟裂起层的现象。有些砖茶要求压得越紧越好，如黑砖、花砖、老青砖、米砖等，有些则要求砖块紧实，不能压得太紧，如茯砖、康砖、金尖茶等。茯砖茶还要加评砖内发花是否茂盛、均匀及颗粒大小。分里面茶的，如沱茶、紧茶、老青砖等，还需评比是否起层脱面，包心是否外露。沱茶形状为碗臼形，评比时看其紧实度、表面的光洁度、厚薄是否均匀、洒面嫩度及显毫情况。

篓装茶：压制成篓的茶评比嫩度和松紧度，如六堡茶看其压制的紧实度及条形的肥厚度和嫩度；方包茶看其压制的紧实度、梗叶的含量及梗的粗细长短，是否有夹杂物。

（2）评比色泽：是否正常、鲜陈、润枯、匀杂程度。

评比色泽是否正常：色泽正常是指具备该茶类应有的色泽，如绿茶应黄绿、深绿、墨绿或翠绿（除特异品种之外）等，红茶应乌润、乌棕或棕褐等。如果绿茶色泽显乌褐或暗褐，则品质为不正常；同样，红茶色泽如果泛暗绿色或呈现出花青色，品质也不正常。

评比色泽的鲜陈、润枯、匀杂程度：评比色泽时注重色泽的新鲜度，即色泽光润有活力，同时看整盘茶是否匀齐一致，色泽调和，有无其他颜色夹杂在一起。如高档绿茶鲜叶原料较嫩匀，其色泽鲜活、翠绿光润、均匀一致；中档绿茶原料嫩匀度稍差，其色泽表现为黄绿尚润，尚有光泽；低档绿茶由于原料较粗老，叶色呈绿黄或枯黄，缺少光泽，因而色泽表现为绿黄欠匀或枯黄暗杂。陈茶由于存放条件较差或时间较长，内含物质发生陈变，色泽更是暗滞无光泽。

（3）评比整碎：整碎的评比是对未压制成型的散装茶进行的，紧压茶已压制成块或成个，不必对其匀齐度和上中下三段比例进行评比。

评比匀齐度：对照标准样，观看整盘评比样的面张、中段、下段茶即三段茶的大小、形状、匀齐度是否与标准样相近。一般高档茶条形大小匀齐一致，无碎末、轻片；中低档茶则往往条形短钝或大小不匀，多碎末与轻片。

评比上中下三段比例：评比精制茶类，较注重上中下三段茶的比例是否恰当。即摇盘后面张茶应能盖住堆面，以中段茶为核心，不露下段茶，整盘茶叶平伏匀齐不脱档。如果面张茶仅为堆顶上一圈，或下段茶铺在堆脚，都是三段比例不恰当，即脱档的表现。

（4）评比净度：是指茶叶中的茶类夹杂物和非茶类夹杂物的含量情况。

茶类夹杂物含量：茶类夹杂物是指茶叶鲜叶采摘或加工中产生的一些副产品，如茶籽、茶梗、黄片、碎茶片末等等。一般高档茶要求匀净，不应含有茶类夹杂物，中档茶允许含有少量的茶茎梗、黄片及碎片末，低档茶允许含有部分较粗老的茶梗、轻黄片及碎片末茶。

非茶类夹杂物含量：非茶类夹杂物是指石子、谷物、瓜子壳、杂草等非茶类物质，不管高档茶还是低档茶都不允许含有非茶类夹杂物。

（四）湿评内质

1. 内质鉴评的基本原理

茶叶是一种饮料，其品质好坏的辨别，除了鉴评其外形是否美观，色泽是否鲜润以外，主要还得鉴评其香气的高低及类别，滋味的浓淡，汤色的明暗，及是否具有该茶品应有的品质特征，能否满足消费者的需求即能否满足市场需求。因此茶叶内质的香气、滋味是决定茶叶品质优劣的最关键因子。茶叶香气、滋味优劣的辨别也有一定的方法和规律，掌握了茶叶内质鉴评的方法，同时经过不断的感觉器官的训练和经验的积累，才能正确评定茶叶内质各因子。

2. 操作方法和步骤

均匀茶样：为保证内质鉴评时茶样的准确性和代表性，应将评茶盘中的茶样充分均匀。取一空评茶盘，将茶样在两个评茶盘中来回倾倒，茶样从样盘缺口处洒落成一堆，一般倾倒2~3次，应注意不能将排列的评茶盘次序搞乱。

称样：称样前先调节好称量器具。称取的要求克数茶样代表了整批茶叶的品质水平，因此，称样为湿评内质的重要步骤。撮取茶样时大拇指张开，食指与中指并拢，从样堆的底部由堆面向堆中间抓取，应注意上中下三段都要取到。如果是扁形茶，则大拇指从堆的顶部，食指与中指并拢从堆脚，三指成马蹄形由堆面向堆中心抓取。抓取时宁可稍稍多抓一些茶样，称取后多余的茶样放回样盘中，以避免添添减减影响所取茶样的代表性。称取的茶样按评茶盘的排放次序依次置于已编码的鉴评杯中，将杯盖放入鉴评碗内。

按序冲泡：冲泡时右手持水壶或热水瓶，依次以慢快慢的速度冲水入杯，冲泡用水一般以刚煮沸的水为宜，泡水量以冲至杯的半月形缺口下线或锯齿形缺口下线处为满杯。冲第一杯起即应计时，随泡随加杯盖，盖孔朝向杯柄。冲泡时间一到即按顺序滤出茶汤，倒茶汤时缺口向下，杯盖上的提钮抵住碗沿，整个杯身卧搁在碗上。杯中茶汤基本滤完后，将大拇指顶住杯盖提钮，食指和中指扣住杯底，提起茶杯将最后几滴茶汤滴入碗中。

3. 内质评比的内容

（1）看汤色：是否正常及深浅、明暗、清浊程度。

茶汤滤出后，如果是红茶应抓紧时间先看汤色，以免茶汤出现"冷后浑"影响汤色明亮度的辨别。其他茶类可以先嗅香气，再看汤色。

评比汤色是否正常：汤色正常是指具备该茶类应有的汤色。如绿茶汤色应以绿为主，如黄绿明亮或绿尚亮；红茶汤色应以红为主，如红艳或红亮；乌龙茶则为金黄明亮、橙黄明亮或橙红等等。如果绿茶汤色泛红，或红茶汤色泛青，则往往是品质有弊病的表现。

评比深浅、明暗、清浊：评比汤色的深浅、明暗时，应经常交换茶碗的位置，以免光线强弱不同而影响汤色明亮度的辨别。评比时注意动作要快，以免茶汤久置空气中，内含物接触氧气而使茶汤变深或出现"冷后浑"现象。所谓"冷后浑"是指茶汤中茶多酚、咖啡碱含量较高时，两者结合生成一种结合物，这种物质溶解于热水，不溶于冷水，当茶汤温度下降时，它会析出，使茶汤变浑浊。大叶种茶树品种生产的红茶或绿茶都容易产生这种现象，特别是大叶种红碎茶，更易产生"冷后浑"现象。出现"冷后浑"是茶叶内含物丰富，也是品质好的表现。

（2）嗅香气：热嗅、温嗅、冷嗅过程及陈霉异气的辨别。

当滤出茶汤或看完汤色后，应立即闻嗅香气。嗅香气时一手托住杯底，一手微微揭开杯盖，鼻子靠近杯沿轻嗅或深嗅。嗅香气一般分为热嗅、温嗅和冷嗅三个步骤，以仔细辨别香气的醇异、高低及持久程度。

热嗅：是指一滤出茶汤或快速看完汤色即趁热闻嗅香气。此时最易辨别有无异气，如陈气、霉气及其他异杂气。随着温度下降异气部分散发，同时嗅觉对异气的敏感度也下降。因此热嗅时应主要辨别香气的醇异：香气是否醇正，即有无该茶类应有的香气特征或其他异杂气。热嗅时香气温度较高，鼻子有烫的感觉，闻嗅时应轻轻地嗅，速度要快，一嗅即过，抓住一刹那的感觉，不能长时间闻嗅以免嗅觉麻木。

温嗅：是指经过热嗅及看完汤色后再来闻嗅香气。此时评茶杯温度下降，手感略温热。温嗅时香气不烫不凉，最易辨别香气的浓度、高低，应细细地嗅，注意体会香气的浓淡高低。

冷嗅：是指经过温嗅及尝完滋味后再来闻嗅香气。此时评茶杯温度已降至室温，手感已凉，闻嗅时应深深地嗅，仔细辨别是否仍有余香。如果此时仍有余香则为品质好的表现，即香气的持久程度好。

陈霉异气的辨别：陈气是指茶叶陈化后所形成的香气类型，陈化初期茶叶原有的新鲜气味消失，如绿茶无清香，红茶无鲜爽感觉，俗称"失风"。随着陈化程度的加深，香气由低淡转向带浊气，直至陈霉变质。霉气是指茶叶陈化程度严重后发生霉变而产生的气味。轻微霉变时干嗅无霉气但缺乏茶香，开汤后热嗅有轻微霉气；霉变严重时干嗅即有霉气，热嗅时闻之恶心。异气是指茶叶吸收其他异杂气或加工过程中工艺不当而产生的气味，如包装袋的油墨气，茶箱的木屑气，樟脑丸气味以及加工中产生的烟、焦、酸、馊气味等等。

（3）尝滋味：醇度、回甘程度、陈霉异味的辨别等。

尝滋味的方法：尝滋味一般在看完汤色及温嗅后进行，茶汤温度在45～55℃较适宜。如果茶汤温度太高，易使味觉受烫后变麻木，不能准确辨别滋味；如果茶汤温度太低，则味觉的灵敏度较差，也影响滋味的正常评定。尝滋味时用汤匙从碗中取一匙约10ml茶汤；吸入口中后用舌头在口腔中循环打转，或用舌尖抵住上颚，上下齿咬住，从齿缝中吸气使茶汤在口中回转翻滚，接触到舌头的前后左右各部分，全面地辨别茶汤的滋味。然后吐出茶汤，体会口中留有的余味。每尝完一碗茶汤，应将汤匙中的残留液倒净并在白开水中漂净，以免各碗茶汤间相互串味。

陈霉异味的辨别：陈味是茶叶陈化变质后产生的滋味类型，与陈气相一致。陈化初期茶汤失去新鲜感，同时其收敛性降低，茶汤趋于平淡；随着陈化程度的加深，茶汤滋味由平淡转向陈滞有浊味，直至有霉味。霉味和霉气一样是茶叶霉变后产生的一种劣味，尝之使人恶心欲吐。霉变茶品质已劣变，不能饮用。异味是茶叶吸收异杂气味或加工不当而产生的，如果热嗅香气时有异杂气，温嗅时不明显，尝滋味时感觉不出来，属轻异劣茶，一般经过一段时间的贮放或复火后能够消失。如果热嗅、温嗅、冷嗅都有异杂气，同时尝滋味时也比较明显，则为异劣茶，应作为次品茶处理。如果异劣气味严重，尝之使人恶心，则应作为劣变茶处理，不能饮用。

（4）看叶底：评比嫩度、匀度、色泽等。

评叶底是内质鉴评的最后一道步骤，在评完香气、汤色、滋味后将鉴评杯中的茶渣倒入黑色叶底盘中直接评比，或倒入白色搪瓷漂盘中加清水漂看。一般红茶、绿茶、黄茶等茶类主要评比其嫩度、匀度和色泽，评比时除了观察芽叶的含量、叶张的光洁与粗糙、色泽与均匀度的好坏以外，还应用手指按揿叶张的软硬、厚薄、壮瘦及叶脉的平凸，也可将叶张拢到漂盘的边沿，用手指揿压，放松后观察其弹性大小，然后将叶张翻转过来，平铺在漂盘中央，观察芽的含量。

评比嫩度：一方面从芽叶的含量进行评比，其中芽的含量越多，嫩度越好；嫩叶含量多，老叶含量少，嫩度也好；另一方面评比叶张的软硬与厚薄程度，叶张软而厚的，往往其弹性较差，嫩度好；叶张硬而瘦薄的，其弹性较好，嫩度差。比叶脉及叶缘锯齿，叶脉不明显，叶缘锯齿浅则叶张嫩度好；叶脉凸出，叶缘锯齿深则嫩度差。

评比匀度：叶底的匀度是指叶张老嫩是否均匀，有无茶梗、茶籽、片末等茶类夹杂物及非茶类夹杂物，同时绿茶看其有无红梗红叶夹杂其中，红茶有无花青叶。应注意匀度好不等于嫩度一定好。

评比色泽：评比色泽时首先看是否具有该茶类应有的特征，然后评比其明亮度、均匀度，如绿茶以嫩匀嫩绿明亮为好，老嫩不匀或粗老、枯暗花杂为差。

（五）注意事项

1. 摇盘时应灵活运用手腕的力量而非手臂的力量，否则类似于筛米的动作，手法不到位。

2. 评比条形茶的形状时，应注意条索肥壮与粗松的区别。

3. 评比外形色泽时应经常相互交换茶样的位置，以免光线强弱不同而影响辨色。

4. 称样时应尽量一次撮样达到所需数量，避免添添减减影响所称样的代表性。若一次撮样未能达到所需数量，应重新均匀茶样后再取样。

5. 冲泡时若按从右至左的顺序逐杯进行，滤出茶汤时也应按相同的次序，并掌握好节奏使每杯的冲泡时间基本相同。

6. 看汤色时应注意茶汤的"冷后浑"现象与茶汤浑浊有沉淀物的区别。

7. 热嗅香气时不能将杯盖揭开过大，而应微微揭开杯盖，以免香气散发。同时鼻子应凑近杯沿轻嗅，时间不可过长，以免嗅觉麻木。温嗅时杯中温度已下降，香气也有所散发，可将评茶杯摇动几下，使杯中及杯底的茶叶经震动后透发出香气再来闻嗅。

【复习思考题】

1. 茶叶鉴评技术的概念是什么？

2. 茶叶品质鉴评对环境的要求有哪些？

3. 茶叶品质鉴评不同茶类评茶用具有何不同？

4. 茶叶品质鉴评不同的茶类茶水比是多少？

5. 评茶程序如何进行？

6. 如何做好评茶准备工作？

7. 实物标准样准备对评茶有何意义？

8. 我国现行的茶叶标准样有几类，具体内容和要求是什么？

9. 评茶的抽取样品数量和方法是怎样的？

10. 评茶的分样操作方法和步骤如何？

11. 评茶的用品用具有哪些？

12. 评茶摇盘的手法和要求有哪些？

13. 内质鉴评有哪些因子？冲泡时如何操作？

14. 在鉴评香气时为什么要热嗅、温嗅、冷嗅？

15. 在尝滋味时如何进行？

16. 评茶注意事项有哪些？

项目三

绿、黄茶品质鉴评

知识目标

(1) 掌握绿茶毛茶、精制茶（成品茶）品质鉴评要点。

(2) 掌握名优绿茶品质鉴评要点。

(3) 掌握黄茶品质鉴评要点。

技能目标

(1) 具备绿茶品质鉴评能力。

(2) 具备黄茶品质鉴评能力。

一、绿茶品质鉴评

绿茶柱形杯评茶法中，取代表性茶样，按照茶水比即质量体积比 1∶50 的茶量，绿茶毛茶取 5.0g 置于 250ml 评茶杯中，绿茶精制茶（成品茶）取 3.0g 置于 150ml 评茶杯中，注入沸水、加盖、计时 4min，依次等速滤出茶汤，留叶底于鉴评杯中，按汤色、香气、滋味、叶底的顺序逐项进行鉴评。

（一）大宗绿茶鉴评

1. 外形鉴评

大宗绿茶的鉴评分干看外形和湿评内质。外形评嫩度、条索、整碎、净度四项因子。其中以嫩度、条索为主，整碎、净度为辅。大宗绿茶的嫩度主要看芽叶的多少与显毫程度，芽叶含量多，显毫，是嫩度好的表现。条索主要看其紧结的程度，它是衡量茶叶做工好坏的一个重要方面。条索好的茶说明揉捻比较充分，细胞破碎率较高，色泽比较光润。因此，绿毛茶外形评定中主要侧重嫩度与条索。

大宗绿茶外形鉴评时先看面张茶的条索松紧、匀度、净度和色泽，然后将面张茶拨开，看中段茶，再将中段茶拨开，看下身茶的整碎程度及下身茶碎、片、末、灰的含量以及夹杂物等。最后将面张茶、中段茶、下身茶进行综合评比，估量三者比重，对照标准样评定外形级别。传统大宗绿茶在毛茶加工过程一般面张茶轻、粗、松、杂，在精制过程中多筛出后经过切碎，再按各筛号回收。中段茶较紧细重实，是加工本级茶的主体。下身茶体小断碎，在精制过程中只能少量拼配，因此，上、中、下三段茶的比例以适当为正常，如两头大，中间小或三者比例不协调均称为"脱档"，这样的毛茶精制率低。

大宗绿茶因加工方法不同有晒青、烘青、炒青、蒸青之分。以其形状不同，炒青又分为长炒青、圆炒青和特种炒青。烘青又分为普通烘青和特种烘青。我国生产的绿茶以炒青和烘青为主，烘青主要作为窨制花茶的茶坯，而晒青往往是作为普洱茶及紧压茶的原料。烘青、炒青、蒸青等绿毛茶的外形评定，侧重条索、嫩度（含色泽）。做工好的绿毛茶外形色泽绿润，白毫显露，芽叶完整，条索尚紧细，色泽调匀一致，有部分嫩茎。做工差的，色泽发黑，枯暗欠亮，条索粗细不匀，老嫩混杂，下脚重。云南大叶种绿毛茶的外形评定应考虑大叶种的品种特点，其主要是芽头肥壮、显毫、节间长、多酚类含量高等。由于节间长，毛茶含梗量相对高些，而多酚类含量高对绿茶外形色泽的影响主要体现在色泽稍黑。因此近年来，特别是在名优绿茶的制作上常用缩短揉捻时间，降低细胞破碎率，减少部分茶汁外溢，以提高绿茶外形色泽绿的程度，但同时这样的加工处理也带来条索较松的不利影响，在对云南大叶种绿毛茶外形鉴评时，色泽与条索要综合考虑。大叶种晒青毛茶的评定以干看外形为主，一般不开汤，如遇外形有争议时便可开汤鉴评。蒸青、炒青、烘青、晒青毛茶外形评比各因子侧重见表3-1。

表 3-1　绿茶毛茶外形评比因子

外形因子	形　状	色　泽	整　碎	净　度
蒸青毛茶	评比条索是否紧结完整，有无粗松等低次特征	评比色泽是否墨绿；是否有带红、暗枯、花杂等缺点	评比条索的完整程度、碎末含量	评比梗、朴片含量
长炒青毛茶	评比条索是否细紧重实平伏，锋苗是否显露；有无松扁	评比色泽是否鲜绿、光润、调匀；有无暗黄、枯黄、花杂等特点	评比条索是否匀整、碎茶片末多少	评比朴片及梗含量
圆炒青毛茶	评比颗粒是否细圆紧结、匀齐重实；有无空松、粗扁、开口等缺点	评比色泽是否深绿光润；有无带黄、带枯、花杂等缺点	评比颗粒是否匀整	评比是否含有朴块、扁块、黄头
烘青毛茶	评比条索是否细紧显锋苗；有无粗松等缺点	评比色泽是否绿润、是否有绿黄、枯黄、红黄等缺点	评比芽叶是否完整、碎末含量	评比茎梗朴片含量
晒青毛茶	评比条索是否紧结有锋苗；有无粗松等低次特征	评比色泽是否绿润；是否有黄褐、暗枯、红暗等缺点	评比条索的完整程度	评比梗、朴片含量

（1）绿茶类不同茶树品种的外形鉴评

制作绿茶的茶树品种很多，若按叶形大小，基本可分为大叶种绿茶和中小叶种绿茶两类。两者鉴评技术基本相同。因其种性明显不同，形状大小、叶肉厚薄、色泽深浅以及区域气候条件、加工方法等不同，各绿茶外形各具特点，主要异同点见表 3-2。

表 3-2　大、中小叶种绿茶外形一般异同点

异同 类别	形　状		色　泽	
	同	异	同	异
中小叶种绿茶	显毫、显锋、苗紧圆直、重实	细嫩、细紧、紧结 体形较细匀	绿润	翠绿、嫩绿 绿润、起霜
大叶种绿茶		肥嫩、肥壮、壮紧 体形较粗大		乌绿、绿 乌绿润、灰绿

大叶种绿茶的品种构成：在华南地区，制作绿茶的品种以云南大叶种为主，也有海南大叶和广东水仙。大叶品种富含多酚类物质，原为红茶品种，一度也是广东、海南、广西

部分地区的主要茶类之一。云南大叶种，叶片大，芽头肥壮，茸毛多，叶质柔软，持嫩性强，叶色黄绿；海南大叶种，叶大芽茸较少，持嫩性较弱，叶色浅黄绿。大叶种的1芽3叶长度和重量比中小叶种大一倍左右，形状肥壮是大叶绿茶外形的主要特点。用1芽2、3叶原料制成的成品茶，在内销市场一般称为"统级"茶，体形大小组成（按平圆筛孔/每英寸筛孔数）大体如下：

上段茶——（大于4孔）占40%~42%；

中段茶——（4~8孔）占43%~49%；

下段茶——（8~12孔）占10%~13%；（12~16孔）占6%~7%。

大叶种绿茶外形鉴评：大叶种绿茶在内销市场有"特级茶"、原身"统级茶""筛口茶"几种商品形态，参照一般绿茶的外形鉴评和大叶绿茶的体形特点，形状上主要鉴评上段茶条索是否紧结，要求上段茶条形肥壮、紧实、有锋苗，中段茶条索紧结匀齐。色泽上要求灰绿光润、调匀，各季茶叶的色泽较为稳定，但因采摘老嫩欠匀或毛茶滚条过度，也有色泽黄杂、灰暗、青杂等低次特征。整碎上主要看上段茶的整齐度和中段茶的比例，大叶绿茶体形结构的主要缺陷是下段茶比较多，上段茶与下段茶体形大小相差悬殊，但下段茶是较细嫩芽叶，品质较好，一般不作分离处理，容许适量存在。故主要看上中段茶条索是否匀整，特别上段茶忌断条粗松弯直不齐、松紧不匀。净度上等级较高的大叶种茶可含嫩梗，不夹杂老梗、朴片、团块；中下档茶，有少量老梗、朴片等夹杂。有关大叶种绿茶外形品质要求见表3-3。

表3-3　大叶种绿茶外形规格要求

类型	等级	成品茶外形要求	注
特制茶	特级	肥嫩紧结显锋苗，乌绿光润，匀整，洁净	1芽2叶原料单独特制茶
原身茶（统级茶）	一级（春茶为主）	条索紧结肥嫩，锋苗尚显、色泽灰绿光润，匀整平伏，含嫩梗、嫩卷片，不含老梗、朴片	1芽2、3叶及同等嫩度对夹叶
	二级（夏茶为主）	条索肥壮紧结，色灰绿尚润，尚匀整，含嫩茎少量老梗	
	三级（夏秋为主）	条索壮紧，色灰绿稍杂，上身粗钝，下身重，稍含梗、朴片	
筛口茶		条索紧细，色泽灰绿，尚匀齐，含嫩梗、嫩卷片，不含碎末	从原身茶提取的5~8孔茶或5~12孔茶

（2）绿茶类不同季节茶叶的外形鉴评

不同季节茶叶外形，一般以春茶为优，夏、秋茶较次。其原因是茶树新梢生长随季节环境条件如温度、光照、水分的变化而变化。鲜叶的嫩度、叶色，芽叶大小也发生变化，形成季节茶的外形特征。

形状：春茶条索较为紧结沉实，茶芽肥长丰满，叶位间嫩度相近，嫩梗扁缩弯曲，外形匀齐；夏茶因品种而异，中小叶品种，嫩度差异大，条索粗细不匀，茶梗一般不扁缩，身骨较轻，茶芽短而瘦小。大叶种绿茶的季节特征，与华南地区夏季多雨、春冬干燥的气候环境有密切关系，夏季云南大叶种茶生长旺盛，因此，其外形表现为叶肉较肥厚，持嫩性好，茶芽肥长条索紧结较春茶硕壮；秋茶，中小叶品种叶张较小而薄，条索细紧欠重实，茶芽短小。云南大叶种条索重实，比夏茶细，但匀度不及春夏茶。

色泽：春茶色泽绿匀光润；夏茶干茶色泽青绿欠光润，大叶品种色泽绿匀接近春茶；秋茶色泽青绿带暗。

（3）加工工艺特点与绿茶外形品质的关系知识

大叶种绿茶制法，同样要求保持清汤绿叶。最初曾采用传统炒青制法，一般色泽黄褐，为适应品种特性，揉坯在烘焙足干即含水量5%之后，再用复干机低温滚炒，或直接用滚条机车色，经过割末、拣剔，即为成品茶的这种制法，能保持大叶种绿茶的良好色泽。当地习惯仍称为"大叶炒青"绿茶。

成品茶按原料嫩度不同，有"统级""特级"两种原料。"特级茶"按1芽2叶标准单独采制；"统级"茶按1芽2、3叶和同等嫩度对夹原料采制，为大宗产品。其工艺流程，按杀青方法分滚筒杀青和蒸气杀青两种。

滚筒和锅式杀青制法（以海南"白沙绿茶"、广东传统"英德绿茶"为例）：摊青—杀青—（摊晾）揉捻—解块—初烘（130~135℃）—（摊晾）复烘（95~105℃）—（毛茶）滚条、车色（复干机70℃或八角车色机）—平圆筛（平圆16孔筛割末）—拣剔—包装—成品。

蒸气制法（以广东"海鸥蒸气绿茶"为例）：工艺流程除杀青方式不同外，其他程序与锅式制法相同。大叶种蒸青的技术要求为：蒸气温度不低于180℃；蒸青叶含水量与鲜叶含水量相当或稍低；脱水温度不低于70℃、脱水叶含水量不高于65%，无臭青气、闷黄，无不透或过度。蒸青的温度和时间要求比中小叶种稍有不同。

（4）绿茶常见外形品质弊病的形成原因及改进措施

绿茶常见外形品质弊病主要有条索的粗松、松条、欠圆浑带扁、断碎、团块、黄白泡；干茶色泽的红筋、红梗、灰黄、灰暗等。各品质弊病形成原因及改进措施见表3-4。

表 3-4　绿茶常见外形弊病及改进措施

常见弊病		形 成 原 因	改 进 措 施	备注
条索	粗松松条	1. 原料嫩度差或老嫩不匀 2. 揉捻不足，造成松条 3. 锅炒茶投叶过少、火温过高	调节揉捻时间和压力，以揉出茶汁、紧卷成条、不破碎为适度；控制原料采摘标准	1、2 见于大叶种绿茶
	欠圆浑带扁	1. 揉捻投叶量过多，揉转不匀 2. 加压过早、过重	调整投叶量，投叶时不能紧压；掌握加压、松压原则	见于大叶种绿茶
	断碎	1. 揉捻过度，压力过重，揉捻含水量较高 2. 炒三青后期搓揉过重或炒三青时茶条未受热回软过早搓揉 3. 大叶种绿茶滚条、车色时间过长	掌握揉捻适度标准；避免赶时间用重压短时揉捻成或一压到底；滚条、车色应掌握投量与时间关系	2、3 大叶种绿茶常见
干茶色泽	红筋红梗	1. 采摘时鲜叶渥红，老嫩不匀 2. 杀青温度低，翻炒不匀不足 3. 揉捻后未及时干燥或干燥温度低	鲜叶摊放不过厚过久；杀青叶温度应在 75～80℃，要杀透杀匀；揉叶及时干燥；初干温度不低于 120℃	2 大叶绿茶常见
	灰黄	1. 回锅时间过长或火温过高 2. 复干机滚条温度过高，时间过长	掌握温度不超过 80℃	2 大叶种绿茶常见
	灰暗	1. 揉捻过度，初干温度偏低 2. 在潮湿环境拣剔，茶叶受潮	掌握揉捻适度，避免摩擦过度；拣剔时应注意防潮	2 大叶种绿茶常见

2. 内质鉴评

大宗绿茶的内质评定分为汤色、香气、滋味、叶底四项因子。主要评定叶底嫩度与色泽，同时汤色、香气、滋味要求正常。优质大宗绿茶汤色清澈；有嫩香或花香、清香、熟板栗香；滋味鲜、浓；叶底细嫩，多芽开展，叶肉肥厚柔软，色泽均匀。汤色较淡，欠明亮；香气淡薄、低沉、粗老；滋味淡、苦、粗、涩；叶底老嫩不匀，色泽调和度不高，带有红梗红叶的为低级茶。汤色浑浊不清，杯底有沉淀；有烟、焦、霉、馊、酸等异味的为次品或劣变茶，在加工中应另外归堆处理。

叶底嫩度主要从芽叶含量、叶肉厚度、叶质柔软的程度、叶张开展的程度进行鉴评。以多芽、叶肉厚、柔软，叶张开展的为好，芽少、叶肉薄、叶质硬、叶张不开展的为差。叶底色泽，主要看色泽的匀度，叶背面绒毛多少，颜色深浅，有无红变等。以叶背面白色绒毛多，色泽调匀，色泽黄绿明亮，无红变的为好，色泽暗杂，有红梗红叶的为品质较差的体现。晒青毛茶以干看外形为主，一般不评内质。

大宗绿茶内质鉴评以叶底、汤色为主，结合嗅香气尝滋味。根据绿茶内质因子的关联性，如果叶底嫩度好、色泽绿匀，汤色绿，则反映整体品质好。上等品质的绿茶其特征为清汤绿叶。同样，随着叶底叶质老化，色泽变黄变红，品质也下降。大宗绿茶鉴评，在具备标准样时应该进行对样评茶。大宗绿茶内质因子鉴评，列举炒青、烘青两类，见表3-5。

表 3-5　大宗绿茶内质因子鉴评

内质＼类型	香　气	汤　色	滋　味	叶　底
长炒青	鉴别鲜嫩、清高、清醇、醇正及持久程度；有无香气低淡、粗青、杂异等低次象征或劣变	汤色是否澄澈明亮，色调变化如浅绿、黄绿、绿黄程度；有无汤色欠清、黄暗浑浊等低次象征	鉴别滋味醇爽、浓厚、醇和程度；有无粗涩、粗淡等低次现象或其他异杂味	鉴评芽叶是否细嫩、开展、匀整多芽；鉴别叶色绿匀、黄绿程度，是否明亮；有无老嫩不匀、叶张破碎、色泽黄暗、黄杂、红梗红叶等低次象征
圆炒青	鉴别香气清高、清醇、醇和程度；有无低淡、粗淡等低次象征或杂异气味	汤色黄绿、绿黄程度，色调是否明亮；有无橙红、浊、沉淀等低次象征	鉴别滋味浓厚、醇和程度；是否低淡、粗糙，有无其他异杂味	鉴评叶质是否嫩匀，茶梗多少，有无叶片粗大少芽、单片多或带老片；鉴别色泽明暗、绿黄程度，有无色泽黄暗、花杂、红变等低次象征
烘青	鉴别茶香清醇、鲜嫩、醇正程度；有无低淡、粗青等低次象征或异杂气味	汤色是否清澈鲜明或清明黄绿；有无深黄、黄暗等低次象征	鉴别滋味鲜嫩醇爽、浓淡程度；有无粗淡、粗薄以及异杂味	鉴评叶底是否柔软，老嫩匀齐，嫩绿鲜明，叶底明暗和匀整程度；有无老嫩不匀、粗大、色泽花暗、红变等低次象征

（二）精制绿茶的鉴评

1. 精制绿茶外形鉴评

精制绿茶的外形鉴评包括条索、色泽、整碎与净度等四个方面。

（1）条索

叶片经揉捻卷曲成条状称为"条索"，不同的茶类具有不同的外形规格，这是区别茶叶商品种类和等级的依据。如长炒青、烘青等属长条形茶，要求外形条索紧直，有锋苗；

龙井、旗枪是扁条，外形条索要求平扁、光滑、尖削、挺直、匀齐的好；珠茶则要求颗粒圆结的为品质佳。

① 条形茶：外形条索主要评比松紧、弯直、壮瘦、轻重。

松紧：以条索紧，身骨重，体积小的为好，条索松，身骨轻，体积大的为差。

弯直：条索以圆浑、紧直的好，弯曲的稍差。

壮瘦：一般叶形大、叶肉厚，芽肥壮而长的鲜叶制成的茶，条索紧结壮实，身骨重，品质好，如云南大叶种茶。反之叶形小，叶肉薄，芽细瘦的鲜叶制成的茶，身骨较轻。原料等级是影响外形壮瘦的重要因素。

轻重：指身骨轻重。以身骨重的为好，身骨轻的为差。嫩度好的茶，叶肉厚实条索紧结而沉重；反之，嫩度差、叶张薄，条索粗松而轻飘。

② 扁形茶：外形主要评比扁平、糙滑。

扁平：龙井茶条形扁平，平整挺直，尖削似剑形，茶条中间微厚，边沿略薄。特级龙井茶一芽一、二叶，长度在 3cm 以下；中级龙井茶一芽二叶长度约为 3.5cm，芽尖长度与第一叶长度相等的品质较好，芽尖长度短于第一叶长度的较差。旗枪茶外形扁直，高级旗枪与龙井外形不易区别。大方茶外形扁直稍厚，有较多棱角。

糙滑：外形表面光滑、质地重实的为好，表面粗糙、质地轻飘的为次。一般手工炒制与机器炒制的扁形茶外形糙滑长度不同。

③ 圆形茶：主要评比颗粒的松紧、匀整、轻重。

松紧：芽叶卷结成颗粒，粒小紧实而完整的称"圆紧""圆结"，品质较好；反之，颗粒粗大称"松"，则品质较差。

匀整：指匀整度，一般拼配适当则匀整度较好。

轻重：颗粒紧实，叶质肥厚，身骨重的称为"重实"；叶质粗老，叶肉薄的称为"轻飘"，以重实的为品质好的表现。

（2）色泽

不同茶类外形色泽有所不同，绿茶一般以翠绿、灰绿、墨绿光润的为好，绿中带黄，黄绿不匀较次，枯黄花杂者为差。干茶的色度比颜色的深浅，光泽度可从润枯、鲜暗、匀杂三方面进行评定。

深浅：首先看色泽是否正常，是否符合该类茶品质特征，原料细嫩的高级茶，往往颜色深，随着级别的降低颜色渐浅。外形色泽同样受加工工序的影响，不同类型绿茶外形深浅不同。

润枯："润"表示茶叶外形似带油光，色面反光强。一般可反映鲜叶嫩而新鲜，加工及时合理，是品质好的象征。"枯"则是有色而无光泽或光泽差，表示鲜叶老或制工不当，品质差。劣变茶或陈茶，其色泽往往表现为枯暗。

鲜暗："鲜"为色泽鲜艳，鲜活，给人以新鲜感，表示鲜叶嫩而新鲜。初制及时合理，是新茶所具有的色泽。"暗"为色深而无光泽，一般鲜叶粗老，初制不当，制作不及时，茶叶陈化均表现为外形色泽较暗。紫色鲜叶原料制成的绿茶及红茶其外形色泽往往发"暗"。

匀杂："匀"表示色泽调和一致。以"调和"为好，"花杂"为差。

（3）整碎

指外形匀整的程度，绿茶的整碎主要鉴评上中下三段茶拼配比例是否恰当，是否有"脱档"现象。鉴评外形整碎度时，同样需要考虑加工、运输、储存等因素影响，加工不当，特别是揉捻过早重压，运输不合理及包装储存不当等，均是影响外形整碎度的因素。

（4）净度

净度指茶的干净与夹杂程度，夹杂物有茶类夹杂物与非茶类夹杂物之分，茶类夹杂物指茶梗（分嫩梗、老梗、木质化梗）、茶籽、黄片、茶末等。非茶类夹杂物指采、制、存、运中混入的杂物，非茶类夹杂物影响饮用卫生，必须拣剔干净，严禁混入茶中。茶类夹杂物如茶梗、茶籽、茶梗，根据含量多少评定品质优劣。绿茶外形评比过程净度越高，品质越好，净度越差，夹杂物越多，品质越差，如黄片、茶梗等，会表现外香气淡薄，滋味混杂，从而影响茶叶茶叶品质。

（5）传统珍眉、珠茶外形鉴评（举例）

① 珍眉绿茶

形状：评比条索松紧、长短、粗细，轻重和锋苗等情况。眉茶外形大小、粗细有一定的等级规格。一般要求紧细圆直、匀嫩显锋苗。凡松扁、粗松、短秃、空飘为品质低。

色泽：评比绿润、黄枯，调匀和驳杂。高级珍眉绿茶的色泽翠绿光润起霜，调匀一致；原料嫩度偏老或老嫩不匀，色泽偏黄或夹杂松黄条，色泽黄绿、黄枯的为低级珍眉绿茶。

整碎：评比匀整度和下盘茶含量。高级珍眉绿茶要求上、中、下段茶搭配适当，体形匀整，下盘茶无碎末；中低级茶下盘茶比例稍大，但要求匀称；低级茶可含一定量的碎茶，但比例有规定，不得超过。

净度：评比细梗、朴片等夹杂物。高级茶要求洁净无夹杂，等级较低的珍眉绿茶略带细梗、朴片。

② 珠茶

形状：评比颗粒细圆、粗扁、圆实、空松。一般以细圆度、紧结度、重实度区别优次。高级珠茶要求颗粒细圆紧结重实；原料偏老的或做工不好造成的外形颗粒粗大、空松为等级低的体现。

色泽：评比深浅、润枯、匀杂。高级珠茶深绿光润起霜、均匀一致，凡乌暗、黄杂、黄枯的属低级珠茶。

整碎：评比匀整程度。要求上、中、下段茶颗粒粗细匀整，拼配适当合理。

净度：检查茎梗、老梗、筋梗、黄头含量。高级珠茶一般要求外形洁净，含有黄头、茎梗的，是原料粗老，净度差的表现。

2. 精制绿茶的内质鉴评

精制绿茶内质鉴评项目分汤色、香气、滋味、叶底四项因子，鉴评时掌握如下。

（1）汤色：色度、亮度、清浊度

眉茶、珠茶汤色清澈黄绿，炒青烘青清澈明亮，均为上品。相反，色泽深黄暗浊、泛红都是品质较差的表现。

色度：指茶汤的颜色。茶汤的颜色除与鲜叶老嫩、茶树品种有关外，主要取决于制茶工艺，不同的工艺制作出来的茶叶，具有不同的汤色。鉴评时应当从正常色、劣变色、陈变色三方面来辨别。

正常色：鲜叶在正常情况下制成的，符合各类茶品质特征的汤色。如绿茶绿汤，绿中带黄。劣变色：由于鲜叶采摘、运输、摊放或制作不当，产生的品质劣变，汤色不正。如绿茶色变深黄或带红。

陈变色：茶叶在制作过程中，因某些原因造成工艺流程的中断，如杀青后不能及时揉捻、揉捻后不能及时干燥，使新茶汤色变陈；或者是茶叶在通常的条件下储存过久，茶叶品质陈化，使茶汤色变陈。如绿茶汤色变为灰黄或深黄色。

亮度：指茶汤亮暗的程度。亮指射入的光线，通过茶汤吸收的部分少，而被反射出来的多，暗则相反。茶汤能一眼见底的为明亮。如绿茶碗底反光强就明亮，凡茶汤亮度好的品质亦好。

清浊度：指茶汤清澈或浑浊的程度。清澈为无混杂，无沉淀，醇净透明，一眼见底。浑浊指茶汤不清，视线不易透过汤层，汤中有沉淀物或细小浮悬物。如劣变产生的酸、馊、霉、焦的茶汤都能使茶汤浑浊。但要区别"冷后浑"。"冷后浑"是咖啡碱和多酚类的结合物，溶于热水，而不溶于冷水，冷却后被析出的现象。茶汤产生"冷后浑"是好品质的表现，应当区别对待。如云南大叶种绿茶，因茶多酚含量高"冷后浑"现象十分明显。

（2）香气：醇异、高低、长短

等级高的绿茶香气嫩香持久，珠茶香高持久，好的炒青绿茶同样有板栗香。当绿茶香气中出现青草气、日晒气、泥土气、烟焦气时则品质劣变。不同的茶类因制作工艺不同，具有不同的香型，或者同一茶类品种不同其香型也各有不同。如云南大叶种绿茶的香型有嫩香、清香、花香、熟板栗香等。鉴评茶叶的香气除了辨别香型之外，还应该辨别香气的醇异、高低和长短。

醇指符合某个茶的品质特征的香气，并要区别茶类香、地域香和附加香（添加的香气）。异指茶香中夹杂其他的气味，如酸馊、霉陈、烟焦、日晒、水闷、药气、木气、青草气、油气（汽油、煤油）等。

香气入鼻充沛有活力，刺激性强，称之为"浓"；犹如呼吸新鲜空气，有愉快的感觉称之为"鲜"；清爽新鲜之感称之为"清"；香气一般，无异杂味称之为"醇"；香气平淡，但正常称之为"平"；感觉糙鼻或辛涩称之为"粗"。按照浓、鲜、清、醇、平、粗的顺序即可区别香气的浓淡。

长短即香气的持久性。闻香气时从热闻到温闻，再到冷闻都能闻到香气，表明香气持久，即香气长，反之则香气短。

(3) 滋味：是否醇正，浓淡、强弱、鲜爽、醇和

眉茶浓醇鲜爽，珠茶浓厚，回味带甘；炒青浓醇爽口，烘青鲜嫩醇爽均匀为上品。如滋味淡薄、粗涩，并有老青味和其他杂味，均为下品。鉴评滋味时，首先要审评滋味是否醇正，在此基础上再来辨别滋味的浓淡、强弱、鲜爽、醇和。

醇正：指绿茶品质特征明显，具有该茶品所应该具备的滋味，称之为醇正。

不醇正：表示滋味不正或变质有异味。主要辨别苦、涩、粗、异味。苦即如同食苦瓜后口腔苦感，如茶汤入口先微苦后回甜是好茶的滋味，而入口苦，后也苦或后更苦者为差或较差。涩即似食生柿，有麻嘴、厚唇、紧舌之感，先有涩味后不涩的属于一般绿茶茶汤正常滋味，当吐出茶汤后仍有涩味的，才属涩味，涩味是品质差、嫩度低的表现。粗即粗老茶汤在舌面粗糙的感觉。异即属不正常的滋味，如酸、馊、霉、焦味等。

浓淡：浓指内含成分丰富，茶汤可溶性成分多，刺激性强或收敛性强；淡则相反，内含物少，淡薄乏味。云南大叶种绿茶内含成分丰富，水浸出物含量高，滋味鲜浓为其品质特点之一。

强弱：强指茶汤吮入口中刺激性强，口腔味感增强。弱则相反，茶汤入口平淡。

鲜爽：如吃新鲜水果的感觉，新鲜，爽口。

醇和：醇，表示茶味尚浓，但不涩口，回味略甜；和，表示茶味平淡，正常，无异味。

(4) 叶底：嫩度、色泽、匀度

叶底明亮、细嫩、柔软的绿茶，品质大都良好；黄暗、粗老、硬者则品质较差；红梗、红叶、花青及青菜色的叶底最差。通过对叶底的鉴评，可以看出茶叶的嫩度，做工的

好坏及采制中存在的问题。看叶底主要通过视觉和触觉来实现，主要辨别叶质嫩度、色泽、匀度。

嫩度：以芽与嫩叶含量的比例来衡量叶质的老嫩。芽以含量多，粗而长的为好，细而短的为差，但视品种和茶类要求不同，而有所区别。叶质老嫩可以从叶底的软硬度和有无弹性来区别：用手指轻按叶底，感觉柔软、无弹性的嫩度好，相反，叶底硬而有弹性的嫩度差。叶肉厚软的为嫩，硬薄者为老。

色泽：主要看色度和亮度。色度为某茶类应有的色泽，如绿茶新茶的叶底色泽以嫩绿、黄绿、翠绿明亮者为好，暗绿为次。

匀度：主要看叶质的老嫩是否一致，色泽是否均匀。匀度与采摘、初制技术有关。匀度好表示叶质老嫩程度基本一致，色泽均匀表示初制工艺合理，加工及时。在评叶底时还应该注意叶张舒展的情况，正常的叶张应该舒展。如果干燥时火温过高，产生"焦条"，使叶底缩紧，在开汤时，叶张不开展。叶底如有焦条，叶张不开展，叶底碳化成黑色，是初制工艺掌握不好的表现。

（5）传统珍眉、珠茶内质鉴评（举例）

① 珍眉绿茶

香气：鉴别醇度、高低、长短。高级珍眉，香气清高，有嫩香或熟板栗香，冷香持久；中级茶香高醇正，持久程度较低；低级茶香气平正稍粗；气味粗杂的为级外茶。

汤色：鉴别颜色、亮暗、清浊。高级珍眉，汤色嫩绿或黄绿，清澈明亮；中级茶汤色黄绿，明亮或稍欠；低级茶汤色偏黄稍暗；汤色黄暗的属级外茶。

滋味：鉴别浓淡、厚薄、爽粗。高级茶厚爽鲜浓；中级茶味醇和，鲜爽度较次；低级茶味平和或平淡，带粗。

叶底：鉴别嫩匀度和色泽。高级茶细嫩多芽、柔软明亮，色嫩绿，不含青叶、暗叶；中级茶柔软有芽，嫩度稍欠，色黄绿尚匀，不带红梗叶；低级茶略粗糙，绿黄带暗。

② 珠茶

香气：评浓度、醇度。高级茶香高持久，醇正爽快；中级茶香气醇正，较为低弱清淡；低级茶平正带粗。

汤色：评颜色深浅、亮暗。高级茶汤色嫩绿鲜明，或黄绿明亮；中等茶汤色绿黄，亮度稍欠；低级茶色黄、橙黄、稍暗。

滋味：评醇和、浓淡。高级茶浓醇爽口；中等茶味醇和较清淡；低级茶味低淡略粗，粗涩的为级外茶。

叶底：评嫩度、色泽。高级的嫩软多芽叶，匀整黄绿明亮，不带黄、老梗叶；中级茶叶底尚嫩匀，少芽，柔软度稍欠，色黄绿尚亮；低级茶叶底尚软，肉薄略老，带茎梗，色暗绿黄。

（6）大、中小叶种绿茶内质异同点

常见的绿茶即中小叶种绿茶和大叶种绿茶，两者鉴评技术基本相同。内质差别主要是茶汤浓度，其次是汤色。在同等冲泡条件下，大叶种绿茶滋味浓度大，带苦涩，一般汤色偏黄；另一主要差别，中小叶绿茶往往经过系统精制，内质优次分明，等级明显。而大叶种绿茶多为"统级茶"，内质级差较小，在鉴评时更应注意综合评定。有关两类绿茶内质异同点见表3-6。

表 3-6　大、中小叶种绿茶内质一般异同比较

内质＼类型	香气		汤色		滋味		叶底	
	同	异	同	异	同	异	同	异
大叶种绿茶	清香持久	浓醇清醇	黄绿明亮	浅黄绿-黄绿-橙黄易红变	浓醇醇厚	浓度大涩耐冲泡	嫩匀绿匀明亮	肥嫩软厚或粗厚
中小叶种绿茶		清高炒焙香		嫩绿-浅绿-黄绿不易红变		浓度较小醇不耐冲泡		细嫩软厚或粗薄

3. 大叶种绿茶内质因子鉴评

传统绿茶有特制茶和原身茶之分。特制茶为春茶单独采制，一般为特级。原身茶分为1~3级。大叶种绿茶一般不进行季节茶拼配，原身茶等级主要决定于季节品质，与原料加工技术也有关系。内质鉴评着重于香气、滋味、汤色，叶底仅作参考。要求香气浓醇、清醇或熟栗香。一般的春茶和秋茶，在杀青正常、初烘温度135℃的条件下，都能获得较高香气。各季茶叶中，也有由于杀青不匀或初干温度偏低，造成香气低闷或带微青气的情况。汤色主要评比色泽、亮度两个方面，大叶种优良的汤色表现为浅黄绿有光彩（如蒸青茶），或黄绿明亮；一般夏茶或工艺不当时，汤色稍深，呈深黄或橙黄色。滋味主要评比浓醇，醇爽程度。大叶种绿茶滋味要求浓醇爽口，一般浓度大微带涩味，收敛性较强不带苦味，即为正常。由于采摘嫩度较为正常，茶味粗的情况较为少见。叶底评嫩匀度、色泽匀亮度，叶底评比方法与其他绿茶基本相同。有关等级要求及地区品质特点，见表3-7和表3-8。

表3-7 大叶种绿茶内质一般要求

类型	等级	成品茶内质要求	注*
特制茶	特级	香气浓醇持久，汤色黄绿、清澈明亮，味浓厚爽口，叶底肥嫩匀整、绿明	1芽2叶原料单批付制，机制成品茶。一般为春茶
原身茶	一级	香气浓醇持久，汤色黄绿明亮，味浓爽，叶底肥厚、尚匀整，色青绿匀亮	1芽2~3叶及同等嫩度对夹叶原料付制的成品茶。其中一级：一般为春茶；二、三级：一般为夏茶
	二级	清醇持久，汤色黄绿明亮，味浓、稍粗，叶底肥厚尚匀整，色青绿或黄绿尚匀亮	
	三级	香低青，汤色深黄，味浓带粗涩，叶底肥厚欠完整，色青稍暗	

表3-8 大叶种绿茶地区品质特点（举例）

地区	品质特点	茶树品种
英德绿茶（粤）	条索肥壮、有锋苗，身骨重实，色乌绿润，香气清高，味浓醇，汤色黄绿、叶底柔软、黄绿	云南大叶（90%）、凤凰水仙
海鸥蒸青绿茶（粤）	条索紧结、匀整，色泽绿润，香气浓醇清鲜持久，有板栗香，滋味醇厚爽口，汤色黄绿明亮，叶底肥软明亮	云南大叶（90%）、海南大叶等
白沙绿茶（琼）	条索紧实，色灰绿光润，香气清高带栗香，茶汤清澈明亮，汤味浓，不苦涩，叶底匀整，色稍黄	云南大叶（53%）、海南大叶（25%）等
龙州绿茶（桂）	条索紧结，匀整有锋苗，色绿润香气清鲜，味浓醇，汤色黄绿明亮，叶底匀整色匀	云南大叶

4. 绿茶类不同季节茶叶的内质鉴评

绿茶季别茶鉴评，内质主要看叶底、汤色，结合评香气、滋味。绿茶品质一般以春茶最好，秋茶次之，夏茶较差。经过拼配的绿茶，一般高档茶才具有春茶品质特征。

春茶：香气高长清醇，一般表现嫩香、清香、栗香，滋味醇厚，无粗涩感，汤色明净，嫩绿浅黄，叶底厚软、色泽黄绿明亮；

夏茶：香气欠醇，一般带青辣气味，滋味欠醇，有青涩或苦涩感，汤色较浅带青绿色，叶底较硬，叶脉显露，叶片大小不匀；

秋茶：香气清醇，滋味较夏茶醇和，汤色清澈青绿，叶底薄硬，芽叶较小，色绿欠亮。

5. 绿茶常见内质品质弊病的形成原因及改进措施

绿茶常见内质品质弊病的形成原因及改进措施见表3-9。

表 3-9　绿茶常见内质品质弊病的形成原因及改进措施

常见弊病		形成原因	改进措施
香气	水闷气	雨水青，杀青采用闷炒，炒二青温度过低，水汽没有充分散发	雨水青经摊放（或脱水机）去除表面水；杀青时适当多用"扬炒"
	低闷	杀青叶摊晾不足，温坯揉捻，初干温度偏低，常见于大叶绿茶	杀青杀透，摊晾充分适当提高初干温度
	烟气	炉灶漏烟，受烟熏污染	改进炉灶排烟功能茶坯不要放在被烟吹着的地方摊晾
	焦气	杀青、二青、三青温度过高，翻炒不匀；二青茶汁粘锅焦化；干燥温度太高或宿叶混入	鲜叶炒制时控制炉灶火力控制干燥温度，注意及时清理宿叶
	异气	储放过程受异气污染；包装材料污染；手工操作人员异气引起	茶叶密封贮存；采用符合食品卫生包装的材料；操作人员不沾染异气
汤色	黄汤红汤	鲜叶保管不良；杀青温度太低或杀青不足；揉叶没有及时干燥；干燥温度偏低、投叶太厚闷黄	杀青要匀透，充分摊晾、及时干燥；初干掌握摊薄、高温短时，防止"闷蒸"
	浑浊	鲜叶堆积失鲜；杀青扬炒不足，含水量高；热坯揉捻或过度	进厂鲜叶及时摊青降温；杀青闷扬适当；茶坯摊晾后揉捻适度
滋味	熟闷味	多出现于嫩茶，滋味熟软低闷不快。因杀青低温"闷杀"过长闷熟，或炒干温度低、时间长	杀青锅充分预热，扬炒结合；杀青、炒二青投叶不过多；炒干温度适当
	青涩味	鲜叶不经摊青直接制茶；高温短时杀青，闷杀后扬青不足，常见于大叶绿茶	鲜叶摊放不少于3小时延长扬炒时间
	苦涩	鲜叶未经摊放直接制茶；揉捻过度；茶园缺有机肥，紫色芽叶多，常见于大叶绿茶	鲜叶经过摊放后制茶；揉捻加压适当，防止过重；提倡在茶园中施有机肥
	酸馊味	气味馊酸（汤色混黄、叶底色带暗）。因鲜叶堆闷部分变质，或揉坯摊放过厚过久；机具不洁	鲜叶不堆闷日晒，及时运送进厂贮放降温；当天使用后的揉捻、解块机具，清洗干净
	焦味	夹杂严重的焦条碎末，与烟焦气同时存在	同焦气

常见弊病		形成原因	改进措施
叶底	红梗红叶	杀青温度太低，或杀青不足；鲜叶挤压受伤，未及时初制	改进鲜叶装运、摊青条件，不受损伤；杀青叶温度应达75~80℃，揉捻后及时干燥
	烧条焦末	叶底有黑褐色焦叶碎片，系杀青温度太高，翻炒不匀，干燥温度太高所致	杀青温度力求均匀；调整干燥温度；复炒时如碎末重，用筛子割下单独炒

关于大叶种绿茶标准样茶，目前还没有制定统一的实物和文字标准，等级较为模糊。在贸易中，一般以贸易成交样作标准样，但随意性较大。大叶种绿茶鉴评可参照炒青绿茶等级的品质规律，重点看外形紧结匀称程度，内质着重看香气和汤色。有的贸易人员亦注重嗅干香，通常从价格来看等级高低。

大叶种绿茶的加工过程没有真正意义的精制工序。传统毛茶的后处理（滚条车色、割末拣剔）都是统级付制，统级回收。其体形具有特殊性，贸易中外形鉴评主要看面张茶的整齐度，以条索肥壮完整为好，下段茶含量一般在18%以下，越少越好。

外销规格绿茶内质常见弊病：

1. 汤色：黄汤、红汤、浑浊不明亮。

2. 香气滋味：青气味、水闷气味、苦涩味、高火味、焦气味、烟气味、陈霉味、酸馊味。

3. 叶底：暗褐、红梗红叶、青张、花杂。

（三）名优绿茶的鉴评

1. 名优绿茶概况

（1）名优绿茶的概念

名优茶即名茶，指具有一定知名度的优质茶，通常具有独特的外形和优异的色香味品质。名优茶是各产茶地区生产的名茶和优质茶的统称，其形成往往具有一定的历史渊源或一定的人文地理条件，如有风景名胜、优越的先天自然条件和生态环境等外部因素，还与茶树品种优良，肥培管理合理及一定的采制、品质标准相关。名优绿茶是绿茶中名茶和优质产品（即优质茶）的统称。名茶和优质产品是两个概念。

（2）名优绿茶的特点

① 产区生态环境优越，茶树品种优良、加工工艺精良

名山出名茶。名山自然环境得天独厚，加上优良的茶树品种及独特的加工工艺，使名

茶品质优异与众不同。如青茶中的武夷山大红袍，黄茶中的君山银针、蒙顶黄芽，绿茶中的狮峰龙井、洞庭碧螺春、黄山毛峰、庐山云雾等等。

② 色、香、味、形风格独特

每种名茶的外形和内质都有自己的风格特征，如龙井以"色绿、香郁、味甘、形美（扁平挺直）"四绝著称；碧螺春以形美（茸毛遍布卷曲呈螺）、香高（有特殊的花香）、味爽、色碧而受赞美。

③ 与文化和艺术联系在一起

名茶历来受到文人的赞赏，名茶的品饮是一种艺术欣赏，历史上的名茶几乎都有美丽的传说和赞美的诗词，深蕴着中华民族文化的精华，是我国传统文化宝库中的一颗明珠。

④ 名茶要被社会所承认

名茶因其品质优良受到消费者的喜爱，拥有一定的市场，受到社会的认可与赞扬，为其他茶叶所不能代替。在市场经济条件下，由于生产的发展和消费习惯的不断变化，名茶的品质、包装、冲泡技艺必须与之相适应。古代的名茶有的被现代社会所承认保持着优势，有的则已消失，有的则为今之名茶所取代，这也是事物发展的必然趋势。

（3）名优茶的分类

名优茶，就是具有优异的品质、独特的风格，有一定的艺术性和较高的品赏价值，并受到社会公认的茶叶珍品。据陈宗懋主编的《中国茶叶大辞典》中记录，名优茶一般有历史名茶、创新名茶、地方名茶、省级名茶、国优名茶等之分。

历史名茶：由历史产生发展而形成的名茶称"历史名茶"。

创新名茶：现代创新制作的名茶称"创新名茶"。

地方名茶：各产茶地区生产的名茶称为"地方名茶"。

省级名茶：经过省、市、自治区一级组织评审认可的名茶称为"省级名茶"。

国优名茶：经过国家部委一级组织评审认可的名茶称"国优名茶"。

而据王镇恒、王广智主编的《中国名茶志》记录，中国现代名茶由三部分组成，分别是传统名茶、恢复历史名茶和新创名茶。

传统名茶：即历代名茶一直沿袭到现在，但名茶技艺和品质特点在历史的长河中发生了演变。此类名茶共有 22 种。绿茶类：西湖龙井、庐山云雾、洞庭碧螺春、黄山毛峰、太平猴魁、信阳毛尖、六安瓜片、老竹大方、恩施玉露、桂平西山茶、屯溪珍眉。黄茶类：君山银针。（《中国名茶研究选集》）

恢复性名茶：据《中国茶经》记载有：休宁松萝、涌溪火青、敬亭绿雪、九华毛峰、龟山岩绿、蒙顶甘露、仙人掌茶、天池茗毫、贵定云雾、青城雪芽、蒙顶黄芽、阳羡雪芽、鹿苑毛尖、霍山黄芽、顾渚紫笋、径山茶、雁荡毛峰、日照雪芽、金奖惠明、金华举岩、东阳东白等 21 种。

新创名茶：《中国名优茶选集》共收录名茶 218 品目，其中主要是 1949 年以来创制，并通过省、部级以上组织评定获奖的，还包括部分历史名茶。据《中国名茶志》记载立条名茶 309，列表名茶 708，合计名茶品目 1017。

（4）优质产品

优质产品通常称为优质茶，是指同一种规格中经省级以上部门评定，并被消费者承认的好茶。优质茶不一定都是名茶，大宗茶叶品种之中也有优质茶。而名茶一定要品质优良，风格独特，要求更高，内涵更深。综上所述，名优绿茶是绿茶中的精品，是采用优化的鲜叶原料、精化的工艺标准加工而成的深受消费者欢迎的好茶。

（5）名优绿茶特征类型

基本特征具有三"绿"特征，即干茶色泽翠绿；茶汤色泽碧绿；叶底色泽嫩绿。类型按加工工艺分有三种类型：

炒青型：西湖龙井、洞庭碧螺春、都匀毛尖等。

烘青型：黄山毛峰、太平猴魁、浦江春毫等。

半烘炒型：太湖翠竹、奉化武岭茶、黟山石墨等。

2. 名优绿茶外形

（1）名优绿茶外形特征分类

名优绿茶按不同的外形特征归纳为 10 种类型：

扁形：扁平光直。如龙井、太湖翠竹等。

雀舌形：单芽形似雀舌，如金坛雀舌、顾渚紫笋等。

针形：细紧圆直似针。如南京雨花、安化松针等。

螺形：卷曲似螺。如碧螺春、都匀毛尖、无锡毫茶等。

曲条形：细紧微曲。如金坛银芽、径山茶、天柱弦月等。

珠形：圆紧成珠。如泉岗辉白、涌溪火青等。

眉形：紧秀似眉。如婺源茗眉、南山寿眉等。

片形：片状略卷。如六安瓜片。

兰花形：芽状成朵似兰花。如舒城兰花茶。

菊花形：扎压似菊。如婺源墨菊。

（2）名优绿茶外形评定项目

名优绿茶外形重点鉴评形状和色泽两项因子。要求外形造型有特色而非一般的炒青、烘青形状，色泽要求鲜润有活力，忌枯、暗、花杂。

不同的名优茶对形状和色泽有不同的要求，西湖龙井、黄山毛峰、南京雨花茶、太平猴魁、都匀毛尖、碧螺春茶、六安瓜片等外形特征如下：

扁形茶西湖龙井茶：要求嫩叶包芽，扁平挺秀、光削、长短匀齐、芽锋显露，色泽绿翠或嫩绿呈糙米色。龙井茶要扁平光滑、挺直，色泽按狮、云、龙、虎、梅不同产地有不同的特色。如狮峰龙井为糙米色，梅坞龙井为翠绿色。

雀舌形黄山毛峰茶：多毫有锋似雀舌，色泽油润微黄，似象牙，鱼叶金黄，称金黄片。

针形茶中南京雨花茶：细紧圆直、锋苗挺秀似松针，色泽绿翠，匀齐一致。

兰花形尖茶中太平猴魁茶：芽叶肥壮，平扁挺直两叶包一芽，俗称"两刀一枪"似含苞的兰花，色泽苍绿油润有光泽，主脉暗红，俗称"红丝线"。

螺形茶中都匀毛尖：白毫显露，卷曲似螺，较碧螺春壮实，色泽绿中带黄。

螺形茶中碧螺春茶：要求卷曲呈螺，条形纤细，色泽银绿隐翠，白毫密布。

片形茶中六安瓜片：外形片状，叶缘微翘，宛如瓜子，色泽绿翠。

（3）名优绿茶外形常见品质弊病的识别

名优绿茶外形常见品质弊病主要包括形状、色泽等方面，形状（条索）上以扁形龙井茶为例，常见有折、皱、浑条等弊病，以卷曲型碧螺春为例，外形常见品质弊病有脱毫、条松、扁条、直条等；色泽上常见品质弊病主要有黄绿、枯黄、绿褐、花杂等。

一般绿茶外形常见品质弊病主要还表现在形状不符合该类名优茶的形状规格要求，或者造型没有特色，只相当于一般炒青或烘青形状。如扁形茶龙井宽松、直狭长、弯曲，如螺形茶碧螺春，茸毛成团或球状不紧贴茶条表面、条索较粗不纤细、条索较直不像螺旋形。如针形茶南京雨花茶、安化松针等，条索较粗圆不紧细、条弯曲不挺直、两头不尖，锋苗不显。

色泽上则表现在不符合该茶类应具备的外形色泽，或者缺少光泽，不鲜活，出现黄、暗、枯等不正常色。如扁形茶龙井墨绿或暗绿、枯黄或死黄。如螺形茶碧螺春黄绿欠翠、嫩黄、墨绿。

整碎度上主要表现在欠匀整或断碎。如扁形茶龙井不光滑平伏；断碎、不完整。螺形茶碧螺春条索不匀齐；碎茶含量过多。

净度上扁形茶龙井表现为含单叶黄片；含断碎茶芯、碎末。螺形茶碧螺春表现在含鱼叶和小黄片；含小茶团（搓团后没有解开），嫩茎、小茶果。

① 外形形状常见弊病的评语描述（以扁形龙井茶、卷曲形茶碧螺春等为例）

宽松：形状不紧，边缘不光滑。

直狭长：不扁平、条形过于细紧。

弯曲：不平滑挺直。

折、皱：制工不精，不扁而皱。

浑条：指扁茶浑圆，不扁似棍而圆。

脱毫：制工不精，茸毛脱离芽叶。

条松：茶条不卷紧。

扁条、直条：茶条宽松不卷紧称扁条。茶条卷紧不卷曲称直条。

② 外形色泽常见品质弊病的评语描述

黄绿欠翠：茸毛发黄，茶色缺少光泽和新鲜感。

嫩黄：芽叶在搓团显毫时用力不当，茸毛黏附在芽上不显露。

墨绿：茸毛暗黄，茶色深绿。

整碎欠匀整或断碎。

黄绿：色泽不翠发黄，缺少光泽。

枯黄：制工差，色黄且枯燥。

绿褐：茶条绿色发褐，茶汁和铁锅摩擦所致。

花杂：叶色不一致，色泽混杂。

（4）注意事项

应注意区分同类形状的名优茶不同的形态特征，如扁形茶龙井和大方、螺形茶碧螺春和都匀毛尖等。应注意名优茶类不同，其品质要求各不相同，如碧螺春茶满身披毫为品质好的表现，而龙井茶却要求扁平光滑无芽毫，若满身披毫则视为不符合龙井茶品质特征。

3. 名优绿茶内质鉴评

名优绿茶内质鉴评因子为汤色、香气、滋味、叶底。名优绿茶内质鉴评的重点是香气和滋味，名优绿茶的香气、滋味主要是先鉴评有无这类名优绿茶的特征性香气滋味，再在这基础上评优次。名优绿茶的叶底鉴评大都在白色搪瓷漂盘内进行，先比较老嫩，是否完整成朵，再比较色泽匀度和亮度。

根据 GB/T23776-2018 茶叶感官鉴评方法标准规定，绿茶柱形杯鉴评法取代表性茶样 3.0g 或 5.0g，茶水比 1∶50，置放于评茶杯中，注满沸水加盖计时，绿茶冲泡 4min，后依次等速出汤，按照名优茶内质因子逐项进行鉴评。也有提出，冲泡水温最好 80℃ 左右，特别是细嫩的名优绿茶，否则容易产生闷熟味及汤色变黄。冲泡时间上按照原审评标准时间为 5min，而浙江省地方标准《优质茶评选技术规范》中名优绿茶规定同样为 4min。

4. 名优绿茶常用术语描述

（1）外形术语描述

纤细：条索细嫩而苗条。

紧细：原料嫩度好，条索卷紧而细。

挺直：扁茶平扁不弯曲，挺挺直立。

挺秀：茶叶细嫩，造型好，挺直秀气尖削。

扁削：扁茶形状如刀削一样齐整，扁平光滑。多为高级龙井茶所用评语。

光扁：形状扁平光滑。为高中档龙井茶评语。

扁平：形状扁坦平直。

光滑：茶叶表面平洁油滑，质地重实。

茸毛遍布：芽叶毫毛遮掩茶条，但少于密布。

茸毛露布：芽叶毫毛显露，次于遍布。

茸毛显布：芽叶毫毛稍显露于茶条表面。

茸毛密布：芽叶毫毛覆盖着茶条，茸毛披覆与此同义，为高档碧螺春茶所用评语。

卷曲如螺：条索卷紧后呈螺旋状，为高中档碧螺春茶所用评语。

（2）色泽术语描述

绿润：色鲜绿而富有光泽。

银绿：白色茸毛遮掩下，嫩绿而有光泽。

翠绿：青里发绿，类似翡翠色彩并有光泽。

苍绿：深绿色有光泽，猴魁、松萝有此色泽。

墨绿：色泽浓绿泛黑，有光泽。

糙米黄：色泽微黄似糙米色，为高级狮峰龙井色泽。

银绿隐翠：白色茸毛遮掩下，通过光线照射类似翡翠的色泽。

（3）汤色术语描述

鲜明：鲜艳明亮有光泽。

清明：汤色清而明亮。

清澈：洁净而透明，能一眼见底。

碧玉：绿的色彩很淡，清澈明亮如玉。

碧绿：嫩绿而微黄，清澈明亮。

黄绿：绿中微黄。

绿艳：汤色鲜艳似翡翠而微黄，清澈鲜亮，称为"绿艳"。

（4）香气术语描述

清香：香气清醇，细而持久。

清高：香气新鲜高爽。

鲜嫩：鲜爽悦鼻的嫩茶清香。

鲜浓：香气浓而新鲜。

浓烈：香气丰富持久，冷后仍有余香。

馥郁：鲜爽而具花果香，为高档名优绿茶评语。

幽香：香气文静幽雅，缓慢持久。

（5）滋味术语描述

浓厚：先味苦，后觉甘醇，余味鲜爽。

醇厚：爽适甘厚，有刺激性。

鲜醇：鲜洁爽口而又醇厚的感觉。

鲜爽：鲜洁爽口有活力，但浓度比鲜浓低。

鲜浓：鲜表示鲜洁爽口，浓即味厚有活力，鲜浓是味厚舒适爽快。

回甘：茶汤入口，先味苦后甜。

（6）叶底术语描述

鲜嫩：叶质细嫩，叶色新鲜明亮。

细嫩：芽头多，叶张细小。

匀嫩：叶质细嫩一致，色泽调和。

匀齐：色泽一致，叶形大小接近。

绿嫩：色似新鲜橄榄，绿多黄少，色泽鲜亮。

嫩绿：色泽有光泽微黄似苹果绿。

鲜明：色泽鲜艳明亮而富有光彩。

明亮：叶色清爽，有光彩。

5. 名优绿茶常见品质弊病的评语描述

名优绿茶内质常见弊病主要包括汤色、香气、滋味、叶底的常见品质弊病，如汤色常见弊病有色泽偏黄、不鲜艳、浑浊不清澈；香气常见弊病有低闷、高火、烟焦、青气；滋味常见弊病有欠鲜爽，水闷味，苦涩味；叶底常见弊病有不成朵，单张叶多（六安瓜片除外），叶底偏黄、欠明亮，有青张、红茎红蒂。

（1）汤色常见品质弊病术语描述

黄绿：茶汤黄中泛绿，欠绿艳。

橙黄：茶汤黄中泛红，似橙黄色。

青暗：汤色发青，不明亮。

浑浊：茶汤透明度差，有较多悬浮物。

（2）香气常见品质弊病术语描述

闷气：杀青时未抖散或闷炒时间长，形成茶香中带闷气。

青气：杀青不足，茶叶中带青草气。

烟气：茶灶漏烟，使茶叶沾染烟气。

异气：保管不善，茶叶吸附其他气味。

老火香：炒茶或焙茶温度过高，有一种类似"焦糖香"的气味。

（3）滋味常见品质弊病术语描述

生青味：杀青不透，带青叶味。

烟焦味：带有烟或焦的味道。

高火味：火功高，有类似"焦糖"的滋味。

闷熟味：像青菜煮黄之味，有一种不爽快的感觉。

苦涩味：味苦而不涩，称为"味苦"，有麻舌的感觉称为"涩"。

（4）叶底常见品质弊病术语描述

青暗：叶底深青而暗。

黄暗：叶色枯黄而暗。

单张：脱茎的独瓣叶子。

青张：叶底中夹杂生青叶片。

红茎、红叶：茎叶泛红。

花杂：色泽不调和一致。

不匀：叶张老嫩，大小参差不齐，或色泽不一致。

6. 名优绿茶品质特征术语描述（举例）

① 碧螺春：条索纤细，卷曲呈螺，茸毛披覆，银绿隐翠，清香文雅，甘醇鲜爽，汤色嫩绿清澈，叶底柔嫩均匀。

② 雨花茶：条索细紧圆直，锋苗挺秀，形似针松，色泽绿润，清香幽雅，滋味鲜爽，汤色：清澈明亮，叶底嫩绿匀亮。

③ 无锡毫茶：条形卷曲，肥壮翠绿，白毫披覆，香高味浓，色绿明亮，叶底肥嫩。

④ 毛峰：条索紧结，色泽翠绿，显白毫，香气清高，滋味鲜醇，汤色嫩绿明亮，叶底嫩绿匀称。

⑤ 雾茶：条索紧圆，形似眉状，锋苗挺秀，润绿显毫，香高持久，滋味鲜浓，汤色明亮，叶底匀整。

二、黄茶品质鉴评

黄茶可以说是我国的特有茶类，但产量不高，近年来越来越受到消费者的青睐。黄茶的初制工序与绿茶基本相同，只是在干燥前后增加一道"闷黄"工序，导致黄茶香气变化，滋味变醇。黄茶按鲜叶老嫩的不同，有芽茶、叶茶之分，可分为黄芽茶、黄小茶和黄大茶三种。

近年来广东根据英红九号、仁化白毫等特色茶特点，结合本地地区气候特点，已有研究人员提出，英红九号制作成黄茶类的加工工序包括鲜叶、轻萎凋、杀青、揉捻、闷黄、干燥等。市场上常见黄茶包括主要产自安徽、四川、湖北等地区的清鲜类黄茶和主要产自浙江、湖南、山东等地区的甜醇类黄茶。不同地区所产黄茶品质风格均有差异。

（一）黄茶鉴评方法

黄茶柱形杯评茶法中，取代表性茶样，按照茶水比即质量体积比 1：50 的茶量，黄茶毛茶取 5.0g 置于 250ml 评茶杯中，黄茶成品茶取 3.0g 置于 150ml 评茶杯中，注入沸水、加盖、计时 5min，依次等速滤出茶汤，留叶底于鉴评杯中，按汤色、香气、滋味、叶底的顺序逐项进行鉴评。

黄茶鉴评方法与红茶的鉴评方法基本相同。黄大茶干看梗叶是否完整和条形、色泽；湿看汤色、滋味、香气、叶底。以汤深黄、味浓厚、叶底黄色、耐冲泡、梗长而壮、叶大而肥厚、梗叶不断损为好，忌茶梗折断、脱皮、皮皱缩和烟、酸、霉味。

（二）黄茶加工化学变化

研究人员采用碧螺春品种以同样工序制作成黄茶，原料等级为 1 芽 1 叶，在黄茶加工过程中，滋味物质包括水浸出物、茶多酚、儿茶素总量、黄酮类、可溶性糖及咖啡碱含量均在不同程度上逐渐降低，足干黄茶较于茶鲜叶分别降低 10.97%、30.12%、24.08%、25.55%、61.34%、33.20%。

（三）黄茶常用评茶术语表达

梗叶连枝：叶大梗长而相连。

鱼子泡：干茶上有鱼子大的突起泡点。

金镶玉：茶芽嫩黄、满披金色茸毛，为君山银针干茶色泽特征。

金黄光亮：芽叶色泽金黄，油润光亮。

褐黄：黄中带褐，光泽稍差。

黄青：青中带黄。

锅巴香：似锅巴的香，为黄大茶的香气特征。

（四）不同类型黄茶品质特征

1. 黄芽茶

可分为银针和黄芽两种，前者如君山银针，后者如蒙顶黄芽、霍山黄芽等。

君山银针：产于湖南省岳阳洞庭湖。其品质特征为芽头肥壮，紧实挺直，大小长短匀齐，满披白色茸毛，芽身金黄，誉称"金镶玉"，香气清鲜，滋味甜爽，叶底黄丽鲜亮。君山银针全部用未开展的肥嫩芽尖制成，制法特点是在初烘、复烘前后进行摊晾和初包、复包，其品质特点是外形芽实肥壮，满披茸毛，色泽金黄光亮；内质香气清平，汤色浅黄，滋味甜爽，叶底全芽，嫩黄明亮。冲泡在玻璃杯中，芽尖冲向水面，悬空竖立，继而徐徐下沉，部分壮芽可三上三下，最后立于杯底。按茶芽的肥壮程度一般分为极品、特级和一级。极品银针茶芽竖立率大于或等于90%，特级竖立率大于或等于80%，一级竖立率大于或等于70%。

蒙顶黄芽：产于四川雅安名山县。鲜叶采摘为一芽一叶初展，初制分为杀青、初包、复锅、复包、三炒、四炒、烘焙等工序。品质特点外形芽叶整齐，形状扁直，肥嫩多毫，色泽金黄，内质汤色嫩黄，味甘而醇，叶底嫩匀，嫩黄明亮。

霍山黄芽：产于安徽霍山县。鲜叶采摘标准为一芽一叶，一芽二叶初展，初制分炒（杀青和做形），初烘和摊放，复烘和摊放，足烘等工序。每次摊放时间较长，约一两天，黄芽的品质特点是在摊放过程中形成的，黄芽的外形地细嫩多毫，色泽黄绿；内质汤色黄绿带金黄圈，香气清高，带熟板栗香，滋味醇厚回甘，叶底嫩匀黄亮。

2. 黄小茶

黄小茶的鲜叶采摘标准为一芽一叶或一芽二三叶。有湖南的北港毛尖和沩山毛尖，浙江的平阳毛尖，皖西的黄小茶等。

北港毛尖：产于湖南省岳阳北港，古称"邕湖茶"，鲜叶采摘标准为一芽二三叶。初制分为杀青、锅揉、闷黄、复炒、复揉、炒干等工序。品质特点是外形条索紧结重实卷曲，白毫显露，色泽金黄；内质汤色杏黄清澈，香气清高，滋味醇厚，耐冲泡，三四次尚有余味。

沩山毛尖：产于湖南省宁乡县的沩山。品质特点是外形叶边微卷，金毫显露，色泽黄亮油润；内质汤色橙黄明亮，有深厚的松烟香，滋味甜醇爽口，叶底芽叶肥厚黄亮。此茶为甘肃、新疆等地消费者所喜爱。形成沩山毛尖品质特点的关键是在初制时经过"闷黄"和"烟熏"两道工序。

远安鹿苑：产自湖北远安鹿苑寺一带的条形黄小茶，也称为"鹿苑毛尖""鹿苑茶"。早在唐代陆羽《茶经》中便有远安产茶记载，清代乾隆年间被选为"贡茶"。主要采摘一芽一二叶，经杀青、炒二青、闷堆、拣剔和炒干制作而成，分为特级、一级、二级。其品质特征条索呈环状，色泽金黄，白毫显露，汤色绿黄明亮，清香，滋味醇厚甘凉，叶底嫩黄匀整。主要销往武汉、宜昌，部分销售到广州等城市。

平阳黄汤：主要产自浙江温州的平阳、苍南、泰顺等地的条形黄小茶，历史上以平阳地区所产数量最多，故名"平阳黄汤"，亦称"温州黄汤""泰顺黄汤"。主要经过杀青、揉捻、闷堆、干燥制作而成，其品质特征为条索细嫩芽叶多，色泽微黄，汤色醇黄明亮，有黄色素味道，叶底嫩黄。主要销往上海、天津、北京、济南、营口等城市。

3. 黄大茶

黄大茶的鲜叶采摘标准为一芽三四叶或一芽四五叶。产量较多，主要有安徽霍山黄大茶和广东大叶青茶。黄大茶的品质特征：叶大梗长，带有芽头，叶卷成条，色泽金黄，茶汤黄红鲜艳，滋味浓厚甜醇，具有焦糖香，叶底黄红，汤底无焦末。

霍山黄大茶：鲜叶采摘标准为一芽四五叶。初制为炒茶与揉捻，初烘、堆积、烘焙等工序。堆积时间较长（5~7天），烘焙火工较足，下烘后趁热踩篓包装，是形成霍山黄大茶品质特点的主要原因。霍山黄大茶外形叶大梗长，梗叶相连，形似钓鱼钩，色泽油润，有自然的金黄色，内质汤色深黄明亮，有突出的高爽焦香，似锅巴香，滋味浓厚，叶底色黄，耐冲泡，霍山黄大茶深受山东沂蒙山区的消费者喜爱。

广东大叶青：以大叶种茶树的鲜叶为原料，采摘标准为一芽三四叶，初制为萎凋、杀青、揉捻、闷堆、干燥等工序，其中闷堆是形成大叶青茶品质特点的主要工序。广东大叶青外形条索肥状卷曲，身骨重实，显毫，色泽青润带黄（或青褐色），内质香气醇正，滋味浓醇回甘，汤色深黄明亮（或橙黄色），叶底浅黄色，芽叶完整。

（五）代表地区黄茶品质特征

安徽：带有清甜花香，滋味上甘醇特征明显，闷黄程度较低。

四川：以黄芽茶产品为主，由于其火工较足，香气带有火工香，滋味有收敛性。

湖北：常带有清花香，滋味较鲜醇、微有涩感。

浙江：黄茶其特征为常带有嫩玉米香，香气突出滋味呈甘鲜特征，醇厚。

（六）广东黄茶品质特征（举例）

台山野化黄茶：产自广东台山、新会的条形黄大茶，当地称"野化白云黄茶"。1920年《赤溪县志》记载："县境山高石露，故产佳茗……有观音茶、白云茶、白心茶、红心茶、石茶多种。"主要经过杀青、揉捻、搓团、包闷、干燥等工序制作而成，目前不分等级，其品质特征为条索紧结，色泽黑褐，火工稍高，汤色黄明，滋味浓醇带焦条香。主要销往广东省多个大中城市，少量销往港澳地区，部分外销至加拿大、美国、日本及东南亚各国。

英红九号黄茶：根据广东英红九号茶树鲜叶特性和广东地区气候特点，有学者提出英红九号黄茶的加工工艺主要包括鲜叶采摘、轻萎凋、杀青、揉捻、闷黄、干燥等工序。根据英红九号六大茶类生化成分分析和体外活性评价结果，英红九号黄茶的茶多酚和儿茶素含量最高。不同季节采取统一标准的英红九号茶青根据以上加工标准进行制作，按照 GB/T21726-2008《黄茶》标准进行鉴评，不同季节原料英红九号品质有所不同。春季英红九号黄茶外形条索肥壮紧结，色泽浅黄油润，显毫，香气清高伴带毫香，汤色黄明亮，滋味鲜爽回甘，叶底柔嫩黄亮。夏季英红九号黄茶外形条索肥壮尚紧结，色泽褐黄尚润，香气醇正，汤色褐黄尚亮，滋味醇正回甘，叶底黄尚亮。秋季英红九号黄茶外形条索肥壮尚紧结，色泽黄尚润，略显毫，香气醇正稍带毫香，汤色浅黄尚亮，滋味醇正尚鲜，回甘显，叶底黄亮尚软。

岭头单丛黄茶：主要产自广东潮汕地区，其工序主要包括鲜叶采摘、轻萎凋、揉捻、初干、闷堆、干燥。以上加工而成的岭头单丛黄茶品质保留了单丛茶的花香，也保留了岭头单丛的蜜香，同时提高了醇度，减低了涩味。其品质特征为外形条索紧结，色泽黄润，匀整，干净，香气醇甜稍带蜜香，汤色黄亮，滋味醇正回甘强，叶底黄褐软亮。

【复习思考题】

1. 绿茶不同季节生产的外形有哪些不同，为什么？

2. 大叶种绿茶的品质特点是什么？

3. 大、中小叶种绿茶内质异同点有哪些？

4. 举例说明绿茶常见内质品质弊病的形成原因及改进措施。

5. 谈名茶特点在鉴评香气时为什么要热嗅、温嗅、冷嗅？

6. 名优绿茶外形特征有哪些分类？

7. 名优绿茶内质常见弊病的识别主要有哪些？

8. 举例描述名优绿茶品质的特征。

9. 黄芽茶、黄大茶、黄小茶的品质有何异同点？

项目四

红、青茶品质鉴评

知识目标

（1）掌握工夫红茶品质鉴评要点。

（2）掌握红碎茶品质鉴评要点。

（3）掌握乌龙茶品质鉴评要点。

技能目标

（1）具备红茶鉴评技能。

（2）具备乌龙茶鉴评技能。

一、红茶品质鉴评

红茶亦称"全发酵茶"，主要产于云南、海南、广东、广西等地，是我国的主要出口茶类。清代刘靖《片刻余闲集》中记载："山之第九曲尽处有星村，为行家萃集。外有本省邵武、江西广信等处所产之茶，黑色红汤，土名江西乌，皆私售于星村各行。"红茶初制工艺包括萎凋、揉捻、发酵、干燥等工艺制作而成，品质特点为红汤红叶，根据制作工艺的不同，主要分为小种红茶、工夫红茶和红碎茶。

小种红茶有正山小种和外山小种之分，主产福建。工夫红茶为传统的外销茶，因制工精细而得名，成品茶分正茶、副茶、脚茶三类。而红碎茶是国际茶叶市场的大宗产品，我国红碎茶产主区主要分布于海南、云南、广东、广西、湖南、四川、贵州等省。

红茶柱形杯审评法中，取代表性茶样，按照茶水比即质量体积比 1：50 的茶量，红毛茶取 5.0g 置于 250ml 评茶杯中，红茶成品茶取 3.0g 置于 150ml 评茶杯中，注入沸水、加盖、计时 5min，依次等速滤出茶汤，留叶底于审评杯中，按汤色、香气、滋味、叶底的顺序逐项进行鉴评。

（一）红茶外形鉴评

1. 外形因子鉴评

（1）小种红茶

正山小种产于武夷山桐木关一带，为历史名茶。是红茶中的特殊花色，具有悦鼻的松烟香和桂圆汤味。色泽乌黑油润，汤色浓厚呈深金黄色。滋味醇爽，收敛性较弱。以品质"清醇"为主要特征。另有"人工小种"红茶，产于政和、坦洋，条索粗大带松烟气，品质较次。

（2）工夫红茶

形状：评比条索紧结、松泡，长秀、短秃，粗细及锋苗等情况。工夫红茶的条索粗细，精制时均按照一定的"紧门"规格，一般从紧卷度、重实度、含毫量来区别优次。要求紧实圆直、锋苗多，凡松扁、弯曲、短秃、轻飘都为次级。

色泽：评比色泽的乌润、灰枯，调匀、驳杂和含毫量。高级茶的色泽多为乌黑油润且调匀一致，灰枯驳杂的一般为低级茶。粗茶反复筛切，或老嫩混杂，均会造成驳杂。

整碎：评比匀齐度及下盘茶含量。凡筛号茶拼配适当、三段茶衔接匀称的，整体较平伏、匀齐。如下段茶含量多，则碎末茶多。如中段茶少，则上下粗细悬殊，造成上下脱节，均不合精制茶标准。

净度：评比含梗量、片朴筋皮等夹杂物。一般低级茶有少量夹杂。

以上是规格化工夫红茶的外形评比，一般的红条茶，可参照工夫红茶要求进行评比。

工夫红茶外形四项因子中，着重评比条索、含毫量和色泽新陈，其他为参考因子。工夫红茶的等级，由相应嫩度毛茶加工而成，质地老嫩、锋苗金毫多少在等级中均有差别，外形规格要求整齐匀称，金毫多，色泽乌褐油润。非规格化的红条茶，如用 1 芽 2 叶采制的"特级"红茶，或用 1 芽 2 叶至 3 叶采制的"统级"红茶，可参考工夫红茶的等级要求进行评比。大叶种工夫红茶外形等级要求如表 4-1 所示。

表 4-1 大叶种工夫红茶外形等级要求

级别	一级	二级	三级	四级	五级	六级
条索	肥嫩紧实，锋苗好	肥嫩紧实，有锋苗	肥壮紧实，尚有锋苗	肥壮紧实	粗壮紧实	粗壮欠紧
色泽	乌润，金毫特多	乌润，金毫尚多	尚乌润，金毫 尚多	乌黑，有金毫	尚乌黑，稍有金毫	乌黑稍泛棕

而条形红茶外形鉴评同样表现在形状、色泽、整碎和净度四个方面，具体的鉴评内容见表 4-2。

表 4-2 红茶外形因子鉴评内容

外形因子	评比项目	术语描述
形状	紧结度	紧结—尚紧结—松泡、粗松
	锋苗、含毫量	显露—有—少—无
	重实度	重实—尚重实—轻飘
色泽	润枯	乌润—乌尚润—乌欠润—枯暗—灰枯
	匀度	调匀—尚调匀—驳杂
整碎	工夫红茶	平伏、匀称
	其他条形茶	匀整、短碎
净度	高级茶	不含老梗、片朴、筋皮
	低级茶	有少量夹杂

（3）红碎茶

红碎毛茶精制后，成品茶有叶茶、碎茶、片茶、末茶四种类型。每一类型又分若干花色，其外形均有一定规格。

叶茶：为细小条形，评比因子大体同工夫红茶，只是不能有碎茶，无下盘茶。要求条索紧直、匀齐、色乌润、金毫显露。

片茶：评比片状是否皱褶、大小匀齐；色泽比调匀、驳杂。末茶评比粗细、匀齐；色泽比润枯；净度比醇杂，是否含粉灰及非茶杂物。

碎茶：评比颗粒是否重实、匀称；色泽比乌润、灰枯，调匀、驳杂；净度比筋梗、毛皮、片末含量。

大叶种红碎茶外形鉴评规格要求参照各花色的外形要求，分清规格、大小轻重，不能混杂拼配；色泽要求鲜活有光泽，早春二春茶色乌润，暑茶、秋茶色褐，均以油润为好，忌灰枯；净度要求不夹杂红梗、茶灰、茶毛等。碎茶外形有地区工艺特点，具体如下：

英德红碎茶：传统转子机制法。成品有叶茶、碎茶、片茶、末茶四种类型。碎茶外形颗粒身骨重实，色泽油润，细嫩匀整，金毫显露。英德红茶曾为大宗出口产品，近年产量急剧减少，有部分红条茶内销。

海南CTC红茶：成品有碎茶、片茶、末茶三种类型，以碎茶（B.O.P.）2号、3号、5号为主。外形色泽乌润，颗粒均匀。产品供出口，部分内销。

海南岭头红茶：产海南琼中岭头。传统转子机制法，有毫茶、碎茶、片茶、末茶四种类型，主要为碎茶（B.O.P.）1号、2号、3号、4号、5号，外形光结乌润，颗粒匀齐重实显毫。产品供出口、内销。

海南通什红茶：产海南通什茶场。传统转子机制法，有毫茶、碎茶、片茶等花色。主要为碎茶（B.P.O.）1号、2号、3号、5号。外形紧结、颗粒均匀、色泽乌润或褐润。产品供出口、内销。

广西百色L.T.P.红茶：产于广西百色茶场。用L.T.P.或C.T.C制法，有碎茶、片茶、末茶三个类型，碎茶颗粒紧实，色泽乌黑。有较强"中和性"，适于拼配。有关红碎茶外形品质要求列于表4-3。

表 4-3　广东、海南红碎茶各花色外形要求

花色	叶茶 F.O.P.	碎茶一号 F.B.O.P.	碎茶 B.O.P.	碎茶六号 B.P.	片茶 F.	末茶 D.
外形	条索紧直匀齐，色乌润，金毫显露。无梗杂	颗粒重实金毫尖较多无梗杂	颗粒紧结	较细嫩的叶梗，短壮紧实，色乌润无红梗筋皮	皱褶片大小匀齐	砂粒壮重实，色润、不含粉灰泥砂
体形规格	抖筛8～10孔；长度1cm～1.5cm	圆筛8~16孔	圆筛12~28孔	圆筛9~12孔	圆筛12~28孔之轻身茶	圆筛28~60孔

注：碎茶二号（B.O.P1）16~28孔；碎茶三号（B.O.P.，2）12~16孔；碎茶四号（B.O.P.3）8~12孔；碎茶五号（B.O.P.F.）16~24孔。

（二）红茶品种类别

1. 工夫红茶品种类别

工夫红茶根据茶树品种和产品要求的不同，分为大叶种工夫红茶和中小叶种工夫红茶

两种类别。大叶种工夫茶外形条索肥硕，体形身骨较为肥壮。与中小叶种相比，主要差别是体形大小，如同是一级，滇红工夫面装茶上"紧门"为 3.5~4 孔，中小叶种为 5~6 孔；下"紧门"大叶种为 8 孔；中小叶种为 11~12 孔。所以中小叶种的形状较为紧细，大叶种的较为肥大。

2. 红碎茶标准类别

根据茶树品种和品质情况，红碎茶的加工验收有四套标准样。以品种划分，大叶种两套，称第一套和第二套样；中小叶种两套，称第三套和第四套样。虽然每套样都可能有叶茶、片茶、碎茶、末茶四种形状，但中小叶种加工提取叶茶并不理想，所以除大叶种外，中小叶种仅有碎茶、片茶、末茶三个类型。大叶种的叶茶和碎茶一号，金黄毫尖显露，而中小叶种一般不宜生产这种花色。

（三）不同季别红茶外形鉴评

不同季节茶叶外形，一般以春茶为优，夏、秋茶较次。其原因是茶树新梢生长随季节环境条件如温度、光照、水分的变化，鲜叶的嫩度、叶色芽叶大小也发生变化，形成季节茶的外形特征。毛茶的季别特征明显，精制茶经过拼配就模糊了，一般体现在内质级别上。

1. 红条茶（大叶品种）：

春茶：条索紧实，芽毫丰满，色泽乌润，嫩度优于夏、秋茶；

夏茶：肥硕紧结重实，芽长多毫，色泽乌褐油润；

秋茶：条索紧结，匀度较次，色泽乌褐欠匀。

2. 红条茶（中小叶品种）：

春茶：条索较紧结，身骨重实，芽长毫密，色泽乌润调匀，净度高；

夏茶：条索细瘦欠紧，身骨稍轻，芽毫不及春茶丰满，色泽褐红欠润，夹杂稍多；

秋茶：条索细巧较夏茶整齐，但身骨最轻，芽毫短小，色泽微红稍枯，片杂多。

3. 红碎茶

碎茶经过精制，体形规格清楚，净度较好，季节差别主要在于色泽。

中小叶品种：春茶色泽乌润，夏秋茶乌褐稍带灰，低次的带暗灰色；

大叶品种：春茶稍乌，夏秋茶带褐色，均有光彩，一般不显灰色。

（四）红茶加工工艺特点与外形品质的关系

这里主要列出大叶种和中小叶种工夫红茶精制工艺区别知识。大叶和中小叶品种工夫红茶面张和紧门筛规格见表 4-4，红碎茶花色名称代号见表 4-5。

表 4-4　大叶种和中小叶种工夫红茶面张和紧门筛规格

品类	筛别	各级使用每寸筛孔数				
		一级	二级	三级	四级	五级
中小叶种（一般红茶）	面张（抖筛）	5~6	5~6	4~5	4~5	4~5
	下紧门（撩筛）	11~12	10~11	9~10	8~9	7~8
大叶品种（滇红）	面张（抖筛）	31/2~4	31/2~4	31/2~4	31/2~4	
	下紧门（撩筛）	8	71/2~8	61/2~7	6~7	

表 4-5　红碎茶花色名称代号

类型	花色名称	简称代号	类型	花色名称	简称代号
叶茶	花橙黄白毫	F.O.P.	片茶	花碎橙黄白毫屑片	F.B.O.P.F.
	橙黄白毫	O.P.		碎橙黄白毫屑片	B.O.P.F.
	白毫	P.		白毫屑片	P.F.
碎茶	花碎橙黄白毫	F.B.O.P.		橙黄屑片	O.P.F.
	碎橙黄白毫	B.O.P.		屑片	F.
	碎白毫	B.P.	末茶	茶末	D.

（五）红茶常见外形品质弊病形成原因及改进措施

红茶常见外形品质弊病主要包括条形茶条索松散、弯曲、断碎；色泽灰枯、花青；碎茶色泽灰枯混杂等，其具体的形成原因及改进措施见表 4-6。

表 4-6　红茶常见外形品质弊病形成原因及改进措施

常见弊病			形成原因	改进措施
条形茶	条索	松散	萎凋偏轻 揉捻压力太轻或揉时过短	萎凋摊叶不能过厚，调节萎凋槽风量和萎凋时间；调节揉捻压力、时间；调整解块筛分机速度
		弯曲	解块不充分，条索粘连弯曲	延缓解块筛分机速度；揉捻叶下机前应松压匀条
		断碎	萎凋轻，重压揉捻或揉捻过久 干燥后的茶叶受挤压断碎 红毛茶"粗茶细做"引致断碎	萎凋时间最短应不少于 6 小时；揉捻加压掌握轻重轻原则；干茶避免挤压，更不能有意踩包"做短"
	色泽	灰枯	萎凋过度 揉捻不足或发酵过度 干燥味温度过高	萎凋时间不超过 18 小时；揉捻应达到茶汁黏附叶表；掌握发酵适度；初干温度不超过 130℃
		花青	鲜叶老嫩混杂，物理作用不一致 萎凋、发酵不匀	合理采摘，老嫩分采分制；揉捻叶解块筛分后，老嫩分别发酵

常见弊病			形成原因	改进措施
碎茶	色泽	灰枯	原料粗，多见于中小叶种碎茶 揉切过度，多见于中小叶种碎茶	提高原料嫩度，不采粗老叶
		混杂	精制过程机具或盛载器具残留混入 车间内茶灰、筋毛未及时清除	每批毛茶精制结束后，必须及时清理器具；及时清扫车间墙壁天花板及地面粉尘

（六）红茶内质鉴评

1. 工夫红茶

（1）香气：高级茶香气高长，即浓郁鲜甜，冷香持久；中级茶香气高较短、醇正甜香，持久程度较差；低级茶香气低而短，或有粗青气味。品质特别的红茶如高级滇红，具有花香，高级祁红具蜜糖香。

（2）汤色：要求红浓鲜艳，碗沿着黄色"金圈"。一般高级茶红浓明亮；中级茶红浓、亮度稍次，或亮而欠浓；低级茶汤色一般为浅亮，或浓暗、浅暗。

（3）滋味：高级茶滋味醇厚、甜和，鲜爽度和收敛性强；中级茶味醇和，稍有收敛性；低级茶粗淡、平淡或粗涩。

（4）叶底：要求色泽红艳鲜活，芽叶齐整匀净，柔软厚实。忌花青暗条。红茶叶底嫩度随等级高低由软至硬，由细至粗，由卷至摊；色泽由红至暗，由鲜至枯。

而条形红茶中根据香气、汤色、滋味、叶底的鉴评因子常见术语表述见表4-7。

表4-7 条形红茶内质鉴评常见术语描述

内质因子	评比项目	术语描述
香气	类型	鲜甜香、甜香、焦糖香
	高低	高锐、浓郁、甜和—醇正—平正—淡—粗淡
	持久性	高长—持久—尚持久—低短
	弊病	粗青、青草气、生青
汤色	色泽	红艳—红浓—红亮—红明—暗
	清浊度	清澈—尚清—浊—暗浊 冷后浑（茶汤冷却后出现乳状浑浊）
	加奶后汤色	粉红—姜黄—灰白
滋味	浓淡醇涩	浓醇、甜浓、醇厚、鲜醇—醇和—平淡—粗淡

内质因子	评比项目	术语描述
叶底	嫩匀度	柔软、肥厚、薄硬；匀—欠匀
	色泽	铜红—红—乌
	亮度	明亮—暗—暗杂
	弊病	乌条、花青

2. 红碎茶

红碎茶鉴评重在内质，而内质主要注重香味，汤色、叶底与香味有关连性，仅作为参考因子。

（1）香味：红碎茶滋味与香气关系密切，因为品味时能够感受到茶的香气，故两因子一并审评。主要评比浓度、强度、鲜度。浓度：评茶味"质感"浓淡；强度：评茶叶"刺激性"，即有无明显涩味，不要求平和或醇和；鲜度：评"清新、鲜爽"程度，也是香气协同表达的程度，不单指茶味。一般红碎茶要求浓度为主，结合强度和鲜度综合判断；个别香气好的花香，则以特异的香味为主判断；其他有关缺点茶香味，按品质要求进行辨别。

（2）汤色：评红色深浅和明亮度。以红艳明亮为好；红暗、红灰、浅淡、浑浊为差。加牛乳（1/10量）后汤色以粉红或棕红为好；淡黄、淡红次之；暗褐、浅灰、灰白为差。

（3）叶底：评嫩度、匀度、亮度。叶底柔软、肥厚、光滑表示嫩度好；糙硬、瘦薄的差。匀度：评比老嫩和发酵是否均匀，以颜色红艳均匀为好；驳杂暗褐的为差。亮度：评比叶底亮暗。嫩度好、发酵适当，叶底明亮；嫩度差或发酵过度，亮度差。

3. 红毛茶内质因子鉴评

以往在毛茶收购中，红毛茶内质鉴评以叶底嫩度色泽为主，但叶底难以反映香味的"鲜爽度"和"浓醇度"，故红毛茶鉴评以四项因子全面评定为好。确定红毛茶等级，必须进行对样评茶。有关内质因子的鉴评，摘要列于表4-8。

表4-8 红毛茶内质因子鉴评

内质因子	鉴评内容
香 气	鉴别香气是否鲜爽醇浓；区分香气浓淡、鲜醇、醇浊；有无低闷、粗青及异杂气味
汤 色	汤色是否红艳、红浓；区分浓淡、明暗差别程度；有无红暗、浅暗、乌暗等低次特征
滋 味	鉴别滋味是否鲜爽；区分浓厚、醇和、平淡优次关系；有无粗涩、粗淡、粗青以及其他异杂味
叶 底	鉴别叶底是否柔软、光亮、色泽是否铜红；区分色泽明暗、叶质软硬、芽尖多少、大小匀度；有无叶质软硬不匀、粗老、叶梗乌暗花杂等低次象征

4. 精制茶内质因子鉴评

毛茶经过精制，在分清粗细、长短、轻重的同时，也区别老嫩和品质优劣，并根据筛档茶比例、季节茶比例进行拼配，反映在内质各项鉴评因子中，等级差别较明显。内质四项因子，必须全面鉴评。

（七）红茶的品种类别与内质鉴评

品种类别的红茶内质，无论工夫茶或碎茶，内质差别主要是滋味"浓度"和汤色的"红艳度"。而且同一季节的品质差别也较大，一般大叶种红茶总体品质水平优于中小叶种，但在中小叶种红茶中，也有香味突出的产品，如祁门红茶。有关品种类别品质差异，大叶红茶内质等级及规格要求，列于表4-9、表4-10、表4-11。

表4-9 大叶、中小叶品种红茶品质异同比较

内质 类型		香气		汤色		滋味		叶底	
		同	异	同	异	同	异	同	异
工夫红茶	大叶种	浓醇	嫩浓、鲜浓	红	红艳明亮	浓醇鲜爽	浓收敛性强	柔软	肥厚红艳
	中小叶种		浓甜、甜和		浓明亮		醇收敛性弱		细嫩红亮
红碎茶	大叶种	鲜浓	春夏茶鲜爽 秋茶或有花香		红艳 金圈大	浓	强度大 鲜度好	红	匀明亮
	中小叶种		春茶鲜醇、 夏秋茶鲜度差		金圈小 亮度次		强度较弱 鲜度较次		匀稍暗

表4-10 大叶种条形红茶内质等级要求

等级	内质要求	注
一级	嫩香浓郁，滋味浓醇富收敛性，汤色红艳，叶底柔嫩多芽色红艳	
二级	香气嫩浓，味鲜醇富收敛性，汤色红艳，叶底柔嫩红艳	
三级	香气浓醇，味醇厚有收敛性，汤色红浓明亮，叶底嫩匀红亮	参照广东省企业产品标准： 《茶叶》QB/44060067846
四级	香醇正尚浓，滋味尚醇厚，汤色红明，叶底尚嫩匀、尚红亮	
五级	香醇正，滋味醇和，叶底尚柔软、色红匀	
六级	香气醇和，味平和，叶底稍粗硬、色红稍暗	

表 4-11　红碎茶（二套样）内质要求

花色		内质要求	注
叶茶	F. O. P.	香气鲜爽，汤色红亮，味醇厚，叶底嫩匀明亮	参照广东省标准：DB/440000X551－87《红碎茶》；广东省企业产品标准 QB/44060067846《茶叶》
碎茶 1 号	F. B. O. P.	香气鲜爽，汤色红艳，味浓强，叶底嫩匀明亮	
碎茶 2、3、4 号	B. O. P. 2、3、4	香气鲜爽，汤色红艳，滋味浓强，叶底红匀明亮	
碎茶 5 号	B. O. P. F.	香气醇浓，汤色红艳，滋味浓强鲜爽，叶底红匀明亮	
碎茶 6 号	B. P.	香醇正，汤色红亮，味醇，叶底红匀	
片茶	F.	香醇正，色红亮，味醇浓厚，叶底红匀尚亮	
末茶	D.	香醇正，色深红，味浓厚，叶底红匀尚亮	

红茶内质因子鉴评，大叶种条形茶内质等级，高级茶香气嫩浓，味浓醇富收敛性。中档茶香气浓醇或醇正，滋味尚醇厚，低档茶香味醇和。碎茶各花色的鉴评，与红条茶要求不同，香味着重于"鲜、浓、强"，要求鲜度好，收敛性强。同时，要注意不同的加工机具生产的碎茶，特点不同，例如：

海南 CTC 红茶——鲜叶的破碎率大，发酵均匀，叶底红匀、鲜艳，香气鲜爽，汤色红艳明亮，滋味浓强鲜爽。加奶后汤色粉红，味浓厚爽滑。

海南通什红茶——转子机红茶，茶园处于海拔高度 600m 左右，香气高爽持久，秋茶有花香，汤色红艳明亮，滋味浓强鲜爽。

海南岭头红茶——转子机红茶，茶园处于海拔 160～700m，香气高长，有秋花香，汤色红浓，味浓厚，叶底红匀。

广西百色 L. T. P. 红茶——鲜叶破碎率大，叶底细匀红亮，汤色红艳，滋味浓强鲜爽，香气鲜爽，茶叶的中和性好。

英德红茶——转子机红茶，丘陵、平地茶区，茶叶滋味浓强，香气浓醇，秋茶有花香，汤色红艳明亮，叶底明亮。

（八）不同季节红茶内质鉴评

红茶季节茶品质鉴评，评毛茶内质以叶底、汤色为主，结合评香气、滋味。一般大叶种红茶季节差别不大，大叶种各季汤色较为"红艳"，叶底也较"红匀"。而滇红的夏秋茶品质比春茶好；华南地区秋茶常出现清花香。中小叶种红茶以春茶好、秋茶稍次、夏茶差。

以大叶种工夫红茶为例，其不同季节茶叶品质特征如下：

春茶：香气高，滋味浓醇鲜爽，汤色红浓明亮（或红艳），叶底厚软红匀；

夏季：香气稍低，味带粗涩，汤色红浓，叶底红亮，叶薄稍硬；

秋茶：香气尚高，味醇和，汤色红明较淡，叶底瘦薄欠红。

（九）红茶内质品质常见弊病形成原因及改进措施

红茶内质品质常见弊病包括香气中青气、青涩味、馊酸、杂味、烟焦味、陈味；汤色红暗、浑浊；叶底花杂、乌暗、粗糙硬缩等的形成原因及改进措施见表4-12。

表4-12 红茶内质品质常见弊病形成原因及改进措施

常见弊病		形成原因	改进措施
香气	青气	萎凋偏轻； 干燥温度过低，或时间过短	萎凋时摊叶厚度适当 适当提高初干温度
	青涩味	萎凋偏轻； 发酵不足不匀，多见于大叶茶	防止高湿短时萎凋 通氧发酵
	馊酸	因温度高，发酵后不能及时干燥，堆积过久 初干后不能及时再干；酸味 机具不洁污染，轻度为馊味，重度呈	调节发酵温度不高于26~28℃ 发酵适应立即进行干燥，防止发酵过度 按时清洁机具和发酵用具
	杂味	制茶、贮放场所不清洁 制茶用具移作他用后附带异味，被茶叶吸收	制茶、储放场所应符合规定的卫生要求 一切用具不得移作他用
	烟焦味	因制茶过程烟气污染 干燥温度过高 投叶量太少	排除烟气污染来源 每次制茶前清理干燥机的残留宿叶，适当调整干燥温度 控制干燥投叶量适当
	陈味	茶叶存放在潮湿的地方，时间太长 干燥装箱时含水量太高	成品含水量保持在6%以下 储放地点应阴凉干燥
汤色	红暗	发酵过度 干燥温度太高（茶味平淡不鲜）；茶叶"陈化"	掌握发酵程度适度偏轻，防止过度 初干后摊晾，再适温复干
	浑浊	萎凋偏轻含水量高， 揉捻加压过重	萎凋叶含水量条形茶不高于60%；碎茶不高于64% 揉捻加压掌握轻—重—轻原则
叶底	花杂	萎凋不足、不匀或部分叶片风干 揉捻不足或投叶过多 原料老嫩不匀；多见于条形茶	适当延长空压揉时间 减少投叶量，防止叠压滑动 控制采摘标准
	乌暗	茶叶发酵过度 受细菌作用而劣变的茶叶（酸馊味）、茶叶陈变	掌握发酵适度 发酵叶及时干燥
	粗糙硬缩	萎凋过度 发酵叶湿度过低 初干温度过高（通常茶叶淡薄，或闷味），多见于条形茶	萎凋时叶层均匀，厚薄适当 发酵室相对湿度保持95%以上 初干温度不超过120℃

（十）工夫红茶等级评语举例

根据 GB/T 13738.2-2017 工夫红茶感官品质标准，大叶种工夫产品各等级的感官品质要求见表 4-13，中小叶种工夫产品各等级的感官品质要求见表 4-14，例如"滇红工夫"分一至六级，一级滇红外形肥嫩紧实、显锋苗、乌润、金毫特多；二级：肥壮紧实、显锋苗、乌润、有毫；内质嫩香浓郁，浓醇、富收敛性，叶底红艳、柔嫩；四级：香醇正尚浓，尚醇厚，富收敛性，叶底红匀尚嫩亮。而"祁红工夫"等级同样分一至六级，而一级祁门红茶外形细紧显毫、有锋苗、乌润；内质嫩甜、鲜醇爽口、红亮、柔嫩红亮。四级祁门红茶外形尚细紧显毫、有锋苗、色乌欠润；内质醇浓，尚醇爽口、红明，红匀尚嫩。

表 4-13 大叶工夫产品各等级的感官品质要求

项目 级别	外形				内质			
	条索	整碎	净度	色泽	香气	滋味	汤色	叶底
特级	肥壮紧结，多锋苗	匀齐	净	乌褐油润，金毫显露	甜香浓郁	香浓醇厚	红艳	肥嫩多芽，红匀明亮
一级	肥壮紧结，有锋苗	较匀齐	较净	乌褐润，多金毫	甜香浓	鲜醇较浓	红尚艳	肥嫩有芽，红匀亮
二级	肥壮紧实	匀整	尚紧结，有嫩茎	乌褐尚润，有金毫	香浓	醇浓	红亮	柔嫩红尚亮
三级	紧实	较匀整	有梗朴	乌褐，稍有毫	醇正尚浓	醇尚浓	较红亮	柔软，尚红亮
四级	尚紧实	尚匀整	有梗朴	褐欠润，略有毫	醇正	尚浓	红尚亮	尚软，尚红
五级	稍松	尚匀	多梗朴	棕褐稍花	尚醇	尚浓略涩	红欠亮	稍粗尚，红稍暗
六级	粗松	欠匀	多梗多朴片	棕稍枯	稍粗	稍粗涩	红稍暗	粗，花杂

表 4-14 中小叶工夫产品各等级的感官品质要求

项目 级别	外形				内质			
	条索	整碎	净度	色泽	香气	滋味	汤色	叶底
特级	细紧多锋苗	匀齐	净	乌黑油润	鲜嫩甜香	醇厚汁爽	红明亮	细嫩显芽红匀亮
一级	紧细有锋苗	较匀齐	净稍含嫩茎	乌润	嫩甜香	醇厚爽	红明	匀嫩红尚亮
二级	紧细	匀整	尚净有嫩茎	乌尚润	甜香	醇和尚爽	红明	嫩匀红尚亮

项目	外形				内质			
级别	条索	整碎	净度	色泽	香气	滋味	汤色	叶底
三级	尚紧细	较匀整	尚净稍，有筋梗	尚乌润	醇正	醇和	红尚明	尚嫩匀 尚红亮
四级	尚紧	尚匀整	有梗朴	尚乌稍灰	平正	醇和	尚红	尚匀尚红
五级	稍粗	尚匀	多梗朴	棕黑稍花	稍粗	稍粗	稍红暗	稍粗硬 尚红稍花
六级	较粗松	欠匀	多梗多朴片	棕稍枯	粗	较粗淡	暗红	粗梗红 暗花杂

（十一）　红茶品质描述举例

1. 云南工夫红茶：1939 年研制，产于云南澜沧沿岸的临沧、保山、思茅、西双版纳、德宏、红河等地的条形工夫红茶。条索紧直肥硕，色泽油润，金毫显露，苗锋秀丽，汤色红艳透明，滋味醇厚回甜，香气馥郁持久，叶底红匀明亮。

2. 金毫茶：1991 年研制，产于广东英德的条形红茶，为现代名茶，用优良品种"英红九号"原料制成。外形芽尖肥硕，金毫满披、色泽金黄油润；内质嫩香浓郁持久，滋味浓爽；汤色红亮、叶底肥嫩红匀。

3. 英红九号：外形条索紧结匀整、色泽匀润；内质香气清鲜甜爽、滋味浓醇、汤色红艳、叶底匀整红亮。

4. 霍红：1950 年研制，产于安徽霍山、六安的直条形工夫红茶。条索细紧，色泽乌润，汤色红浓，香气鲜甜，滋味甘醇，1970 年后改制绿茶。

5. 白琳工夫：19 世纪 50 年代前后创制，闽红工夫之一，主产福建太姥山麓的白琳、翠郊、黄岗、湖林等村。外形紧结纤秀，含大量橙黄芽毫，呈金黄色，乌黑有光，毫香突出，滋味清鲜甜和，汤色浅红亮，叶底鲜红带黄。

6. 政和工夫：闽红工夫之一，主产于福建政和、松溪及浙江庆元高山茶区。其品质特征毫香显露，香气显露，香气高爽，茶汤浓醇。

7. 川红工夫：主产于四川宜宾、高县、珙县等地，其品质外形细嫩显毫，乌黑油润，香气橘花香持久，滋味鲜醇爽口，汤色红艳明亮，叶底红匀明亮。

8. 宜红工夫：1840 年羊楼洞便有 50 多家红茶庄号，1854 年，长乐（今五峰县）渔洋关和鹤峰县五里坪等地始制红茶，1951 年在宜都建立国营宜都茶厂，采制 1 芽 2、3 叶，分一级至五级。其外形条索紧细有毫，色泽乌润，汤色红亮，香气甜醇高长，滋味醇厚鲜爽。

9. 宁红金毫：1985 年研制，产于江西修水漫江乡一带的工夫红茶，不分级，其外形紧细，金毫特显，光灿油润，香气馥郁持久，滋味醇厚，汤色红艳光亮，杯边显金圈，叶底红亮。

10. 小种红茶：外形条索紧结，匀称，色泽乌黑油润，干净；内质香气高锐，微带松烟香，汤色呈深金黄色，滋味浓醇可口干似桂圆汤味，叶底光润呈铜红色。

11. 九曲红梅：主要产自杭州市郊的湖埠、上堡、张余、冯家一带，外形条索细紧，色泽乌润，香高味醇，汤色红艳，叶底红明。

12. 祁红：为历史名茶。原产地为安徽祁门县，用祁门群体品种的原料制作。高级祁红形状紧细匀秀，色泽鲜润，毫色金黄，口感醇和隽厚，主要特点是具有特殊的砂糖似的香气。或称蜜糖香、甜花香。国外誉为"祁门香"，是世界知名的高香红茶之一。

二、青茶（乌龙茶）品质鉴评

（一）乌龙茶鉴评方法

现行鉴评标准 GB/T 23776-2018 中，乌龙茶鉴评有两种方法，一种是盖碗鉴评法，一种是柱形杯鉴评法。乌龙茶鉴评过程中都需要特别注重温具过程，开汤前注意评茶杯碗需保持滚烫。

盖碗鉴评法：以卷曲形乌龙茶为例，取代表性茶样 5g 置于沸水烫热的 110ml 倒钟形评茶杯中，快速注入沸水至相应容量，依序冲泡三次，第一泡冲泡 2min，第二泡冲泡 3min，第三泡冲泡 5min，冲泡过程以湿闻为主，冲泡时间过半闻香，即第一泡 1min 后，第二泡 1~2min 后，第三泡 2~3min 后揭盖嗅盖香，评比香气。沥出茶汤后，依次评比汤色、香气、滋味、叶底。结果以二次冲泡的为主要依据，综合第一、三泡鉴评结果进行品质评定。

柱形杯鉴评法：取代表性茶样 3g 或 5g，茶水比 1∶50，置放于相应评茶杯中，注入沸水至锯齿边缘，加盖计时，条型和卷曲型乌龙茶冲泡 5min、圆结型、拳曲型、颗粒型乌龙茶冲泡 6min，依次等速滤出茶汤，依次鉴评汤色、香气、滋味、叶底。

1. 乌龙茶外形鉴评

形状：乌龙茶有卷曲粒形、条形两种基本形状。卷曲形茶评比松紧、轻重，要求紧结重实肥壮；条形茶，评比条索松紧、粗细、轻重。条形乌龙按花色有不同条状；闽北乌龙紧细较重实，闽北水仙壮结沉重，武夷水仙、奇种叶端稍扭曲；传统凤凰单丛为直条形；岭头单丛为弯条形。一般从紧结度、重实度区别优次，要求形状特征明显、壮结、重实；粗松的为次。

色泽：评比深浅、润枯、匀杂、品种呈色特征。铁观音要求砂绿油润，乌褐、黄杂的为低次；色种茶要求绿黄润，灰褐为次；闽南、闽北乌龙要求乌润，枯燥为次；闽北水仙要求砂绿蜜黄，燥褐为低下；武夷岩茶要求绿褐油润，灰褐油润，青褐带砂绿、铁青带褐油润，带宝色；凤凰、岭头单丛要求乌润、褐润、暗枯为低下。

整碎：评比匀整、碎末茶含量。高级茶要求大小、壮细、长短搭配匀整、不含碎末。断碎、长短不一、含碎茶为差。

净度：评比梗、片等夹杂物含量。等级高的要求洁净无梗杂，级次较低的一般含有梗、片。

大宗乌龙茶的毛茶，外形因子评比归纳如表4-15。

表 4-15 乌龙茶类毛茶外形各因子

外形因子	鉴评内容
形 状	评比条索、颗粒是否紧结、重实，形状与品种特征是否一致；有无粗松等低次缺点
色 泽	评比色泽是否油润鲜活、品种呈色特征是否明显；有无枯暗、死红、枯杂等特点
整 碎	评比条索完整程度；下身茶碎末所占比例
净 度	评比梗朴等夹杂物含量多少

（1）乌龙茶不同茶树品种的外形鉴评

不同茶树品种乌龙茶外形品质异同点见表4-16。

表 4-16 不同茶树品种乌龙茶外形品质异同点（举例）

外形 品种	形状			色泽	
	形状类型、松紧 同异	形状局部 同异	身骨 轻重	色调 同异	润枯
不同品种外形	条形： 紧细（闽北乌龙）	不扭不弯	较重实	乌润	润
	壮结（闽北水仙）	条形稍弯	重实	油润砂绿蜜黄	润
	壮直（凤凰单丛）		重实	褐	润
	紧结（岭头单丛）	自然弯曲条形	重实	黄褐	油润
	细嫩（台湾红乌龙）		尚重实	青褐	润

外形 品种	形状			色泽	
	形状类型、松紧 同异	形状局部 同异	身骨 轻重	色调 同异	润枯
	颗粒形: 肥壮卷曲（铁观音）	茶梗呈壮圆形	重实	砂绿	翠润、油润
	紧结卷曲（色种）	—	—	—	—
	（本山）	梗如竹子枝，	重实	香蕉色	鲜润
	（黄桕）	梗细小，颗粒较松	较轻	赤黄绿	尚鲜润
	（毛蟹）	多毫，梗头大尾尖	尚重实	褐黄绿	尚鲜润
	（奇兰）	叶柄，梗较细小	重实	浅褐绿	较鲜润

（2）乌龙茶不同季节茶叶的外形鉴评

不同季节茶叶外形，一般以春茶为优，夏、秋茶较次。其原因是茶树新梢生长随季节环境条件如温度、光照、水分的变化，鲜叶的嫩度、叶色。芽叶大小也发生变化，形成季节茶的外形特征。毛茶的季别特征明显，精制茶经过拼配就模糊了，一般体现在内质级别上。

乌龙茶鲜叶有相当的成熟度，而且品种、成茶形态各异，判断季别茶外形要结合品种看身骨重量差别不大，但春茶条索紧实、光洁，色泽油润，净度较好；夏暑茶紧而显糙，润泽度差；秋茶形状松飘，色泽带青黄枯，梗杂多。广东单丛秋雪茶，体形比春茶细，叶张较薄，条松质轻，色泽赤黄褐欠润，梗杂较多。福建乌龙茶一般春、秋两季品质好，评定级别较高，夏暑两季品质较差，评定级别也较低。

（3）乌龙茶品种类别与内质鉴评

乌龙茶内质讲究地区、品种、季节香味。经过筛制拼配的成品茶，形成不同的花色等级。一般高级茶以春茶为主，地区、品种香味特点鲜明；中下级茶，拼配一定比例夏暑茶，或以夏暑茶为主，品种香味特点相对模糊。高档茶保持自然香味，要求火候适当，防止"返青"，也防止过度而"失香"；中低档茶，火候稍重，减少粗、青、涩味。乌龙茶内质鉴评，以香气、滋味为主要因子，汤色、叶底仅作参考。

香气：高档茶香高、质清，香型明显，如"韵香""自然花香""熟果香"，清醇高长；中级茶香气醇正，或香浓而清醇度欠缺，火工不足的带青气；低级茶香气低粗，火工不足的显粗青。

滋味：评浓淡、苦甘、爽涩、鲜陈、耐泡程度。要求滋味醇厚或浓厚带爽。一般高档茶浓厚醇爽兼备；中级茶，味浓而醇爽度不足，有的带涩（如夏、暑茶）、粗浓（如闽南地区的梅占）、浓涩（如单丛）、带微青（如色种、铁观音）；低级茶，一般茶味粗，有的粗涩或平淡。

汤色：鉴别颜色和清浊程度。按品种花色不同，同一个花色，高档茶一般为金黄、深金黄色，且清澈明亮；中级茶呈深黄、橙黄、清红，个别为浓红（如闽北水仙）；低档茶一般色较深，由深黄泛红至暗红色。但不同花色之间，色泽特征要求不一；在同一花色中，汤色与等级有一定的级次关系；不同的花色，按不同要求评定。

叶底：评叶质软硬、亮度、色泽。一般叶质软亮均匀，叶缘红边显现，叶腹黄绿为佳；叶底粗硬、青绿、枯暗偏红为差。

2. 乌龙茶不同品种内质异同点

乌龙茶品种繁多，香味特征与品种有密切关系，各品种香味差别，举例列于表 4-17。

表 4-17　不同品种乌龙茶内质异同点（比较）

产地	香　气		滋味		香味特色	汤色	发酵程度
	同　　异		同　　异				
凤凰单丛	清高—清香（自然花香）		鲜浓—浓醇		有山韵	金黄—清黄	中度
凤凰水仙	清高—清香（天然花香）		浓醇—甘爽		有蜜韵	橙黄—橙红	中度
岭头单丛	清高—细长（花蜜香）		鲜醇—浓厚		花蜜香味显	橙黄—橙红	中度
石古坪乌龙	清高—持久（花香）		醇爽—浓醇		有花香	绿黄—金黄	中度
兴宁奇兰	浓郁—持久（兰花香）		甘醇—爽滑		兰花香显	金黄—橙黄	中度
铁观音	清高—清醇（花果香）		醇厚		有音韵	金黄—橙黄	中度，比闽北水仙轻
岩水仙	浓馥—清高（兰花香）		醇厚—醇滑		有岩韵	深金黄—深黄	重度（60%~70%）
闽北乌龙	清细—清醇（清香）		浓醇—浓厚			深黄—橙黄	中度
闽北水仙	鲜锐—细长（清花香）		鲜醇—醇厚			金黄—深金黄	中度
大红袍	馥郁—高长（幽兰香）		浓醇—浓厚		有岩韵	深黄—橙黄	中度
色种	—		—		—	—	—
本山	清醇（花果香）		尚浓厚		似铁观音	清黄	中度较轻
黄杻	清高（花香）		清醇		品种香味显	清黄	中度较轻
毛蟹	清高（花香）		清醇		—	清黄—橙黄	中度较轻
奇兰	醇浓（似参香）		清醇		品种香味显	深黄	中度
竹山金萱	清高（花香、淡奶香）		浓醇		淡奶香	金黄	轻度（约30%）
高山乌龙	清高（花香）		浓醇		花香突出	金黄	轻度（20%~40%）
木栅铁观音	浓郁（熟果香、焦糖香）		甘醇浓厚		特殊果酸味	黄褐	中度（约50%）
东方美人	馥郁（熟果香、蜂蜜香）		甜醇		有锋蜜香	橙红	重度（70%）
台湾红乌龙	浓醇（果香）		醇厚软甜		似干果香味	蜜黄—橙红	重度（约80%）

（二）乌龙茶毛茶内质因子鉴评

毛茶内质鉴评重点是香气和滋味，叶底有助于辨别花色品种。评高档毛茶应注意品种香型特征，对于特殊地域、品种的毛茶，应注意"韵味"是否突出。乌龙毛茶对样鉴评方法中内质比外形重要，如果内质香气、滋味符合某一标准评的等级要求，而外形略为欠缺，一般可视符合某一等级规格，如内质达不到，必须降级。有关毛茶内质鉴评提要见表4-18。

表4-18　乌龙毛茶内质因子鉴评

内质因子	鉴评内容
香气	分次冲泡，鉴别香气高低、浓淡、清浊、长短，香型是否鲜明，与品种特征是否相应；特殊品种地域的"韵味"是否鲜明；有无香气粗短、夹青、浑浊不清等低次象征及杂异气味
汤色	辨别呈色程度，一般要求金黄或橙黄清澈明亮；有无暗浊、黄浊、青浊、沉淀等低次象征
滋味	分次冲泡，鉴别滋味浓淡、厚薄、苦甘、爽涩及"茶香入味"程度；茶叶是否夹青、青涩、苦涩、回味带苦、带青或其他杂异味
叶底	鉴别叶底是否软亮，红边是否均匀或鲜艳明显；花色与品种特点是否吻合；有无叶质粗糙、色泽青绿、枯暗、死青叶等低次象征

（三）精制乌龙茶内质因子鉴评

毛茶经过精制，在分清粗细、长短、轻重的同时，也区别老嫩和品质优劣，并根据筛档茶比例、季节茶比例进行拼配，反映在内质各项鉴评因子中，等级差别较明显。内质四项因子，必须全面鉴评。

（四）乌龙茶内质品质常见弊病形成原因及改进措施

乌龙茶内质品质常见弊病形成原因及改进措施归纳于表4-19。

表 4-19 乌龙茶内质品质常见弊病形成原因及改进措施

	常见弊病	形成原因	改进措施
香气	青气（多见于色种茶）	晒青和做青不足	合理安排采茶，不失晒青时间
		杀青不熟或低温杀青	杀青叶温不低于70℃，有清香为适度
	青闷气（多见于包揉茶）	轻做青，杀青不熟，包揉时间过久	做青发酵程度不低于20%；杀青叶无青臭气；待焙茶坯，必须摊开
		初烘温度太低，复焙后茶坯摊晾不足	初焙：焙笼温度不低于110℃；烘干机进风温度不低于130℃
	烟焦气（见于机制茶，煤炉焙）	茶叶烘焙受炉烟污染；	煤灶焙茶，必须利用间接火温
		杀青或焙茶时烧焦	改进炉灶排烟功能
		烘干机残存宿叶混入	及时清理干燥机宿叶
滋味	青涩味	无晒青，轻做青	无晒青，做青力度较大，增加摇青次数，促进青涩味转化；青气大，做青力度稍大
		温度较高，急速做青	温度高，做青全程力度轻
	苦涩味（多见于单丛茶）	做青不足	按种性决定做青轻重，苦涩味重的品种，做青时间长、力度小
		茶青较嫩	低山茶青，叶质厚，做青力度稍重
		晒青不足	晒青不足的，做青次数适当增加
	黄味	做青过度	掌握做青适度：清香微青为标准
		青叶静置时堆放过厚，产生发酵味	温度高，静置时青叶厚度宜薄
	水味（多见于春季茶叶）	雨露水采摘的茶青	不采露青，雨水青经过摊青去除表面水
		嫩青晒青适度，但做青不足；烘焙茶不干	较嫩的茶青，做青轻手、多次
	酸馊味	杀青不熟，包揉时间太久，烘焙不及时，细菌污染变质	杀青要求匀透，揉捻后及时烘焙，避免茶坯积压产生馊味
汤色	浑浊	温度过低，杀青不足	杀青叶温不低于70℃，闷炒为主
		茶叶炒焦或焙焦	避免高温杀青焦叶或焙焦
叶底	死红（多见于单丛、色种）	茶青受伤红变干枯（黄味、浓涩）	采茶时不损伤叶片、不受晒、不紧压茶青
	红变	做青过度或"激青"	做青力度由轻渐重，避免开始过重，发酵过快（产生"激青"）
		发酵红变，味青涩	中午日光太强，叶片易灼红，不宜晒青；做青室温以22~28℃为宜

注：单丛茶的鉴评，外形主要看色泽是否油润，内质重点香气和滋味，强调自然花香，滋味浓醇，茶香入味。

单丛乌龙茶较少集中精制，一般按单丛类别，以手工分散加工。除低档茶外，条索完整主要特点，同是好的外形，内质差别很大。故权衡整体品质，外形分数比例，一般在

20%左右。

（五）广东乌龙茶鉴评

1. 广东乌龙茶不同类别、不同品种毛茶外形的评定

（1）广东省乌龙茶品种构成

广东乌龙茶茶树品种以当地凤凰水仙为主，引进的品种主要有奇兰、八仙、黄栀（旦）、福建水仙以及小叶乌龙等。在凤凰水仙群体中分离出来的单丛，有"岭头单丛"和"凤凰单丛"两类。岭头单丛为育成的新品种，栽培面积最大；凤凰单丛则由十多个无性系组成，主要有"黄枝香""八仙过海""芝兰香""玉兰香""大乌叶"等。还有一些老丛茶树，称为"老丛茶"，如宋种、老八仙。单丛类品种的叶片颜色有黄绿（大白叶）、深绿（大乌叶）两大类型，叶形大、叶肉较厚，富含多酚类物质、发酵快。与福建品种比较，种性差别较大，因而形成单丛茶的特有品质。

（2）不同品种毛茶外形

在各类茶种，乌龙茶的品种类别最多，其外形表征，既有加工形状的不同，也有品种差别的形状色泽不同。所以在外形鉴评中，除一般共同要求外，还要注重品质特征。为便于比较，将主要特征列于表4-16，并就广东乌龙茶外形特点和鉴评作进一步讨论。

2. 乌龙茶加工工艺特点与外形品质的关系

（1）广东乌龙茶产品沿革

广东乌龙茶早期产品有凤凰水仙、色种、乌龙三个花色。其中凤凰水仙依质量高低，分为单丛、浪菜、水仙三个花色。"单丛"为单株采制，数量少，品质最好；"浪菜"为较好原料混合采制，为小批量产品，品质次于单丛；"水仙"或称为"中茶"，为一般原料制成，是一般质量的大宗产品。至20世纪80年代，单丛茶树经过选育和大量嫁接繁殖，产品结构有单丛、水仙、色种、乌龙四个花色，以单丛、水仙、色种为主，有少量乌龙。产区分布于粤东潮州、梅州等近20县市，年产量近2万吨，主产于饶平、潮安、兴宁、蕉岭、大埔、丰顺、揭西、陆丰等地。主要产品有：

凤凰单丛茶：由凤凰水仙中的无性品系原料制成。主产于潮安，少量产于丰顺。

岭头单丛茶：由岭头单丛品种制成。主产于饶平、潮安、兴宁、蕉岭，少量产于大埔、五华、揭西等地。

水仙茶：由凤凰水仙品种及无性品系制成。潮州市主产区潮安、饶平县。主要为外销或内销。

色种茶：由大叶奇兰、八仙、黄栀等品种制成。主产于饶平县、兴宁市，英德市也有少量生产。

小叶乌龙——由小叶乌龙品种制成。产于潮安凤凰石鼓坪、大埔、饶平西岩等地。

（2）单丛茶采制方法

丛茶起源地为潮州凤凰山，品种为凤凰水仙，统称"凤凰茶"。历代的茶农，有选择蓄养大茶树的习惯，每株大茶树（俗称老丛）均分别采制，因而形成"单丛"的传统制法。后来，许多母树经过扦插繁殖或嫁接繁殖，成为单丛系统，有的成为单丛品种，除了母树外，已非单株采制的概念，但习惯上仍称为"单丛"。每一单丛产品，保持各自的品质特色。同一花色产品，有所谓"老丛""新丛"（接种）的区别。高级茶主要用手工采制，批量的以机制为主，辅以手工。

单丛茶传统制法过程中，单丛茶制作一般在夜间进行。采制的关键是原料标准、晒青、做青技术，以及采制过程的有关因素如产地环境、气候条件等。

原料采摘标准对嫩对夹2~3叶（俗称嫩开面），在晴天有阳光可供"晒青"的前提下采摘，一般在午后2~4时采的茶青含水分较少而优于上午茶青；凡露水青、雾天茶青、雨水青质量较差。

初制工序基本过程包括晒青—凉青—做青—杀青—揉捻—烘焙—毛茶等。

"晒青"在下午4~5时进行。茶青薄摊于竹质圆匾中，现也有直接置茶于白色或黑色尼龙网上，后置阳光下轻晒。摊叶厚薄以叶片不重叠为度。在气温22~28℃条件下，历时约15~20min。叶片厚叶色深的，历时较长；叶薄色浅的，历时较短。当叶片失去光泽、叶质柔软、叶尖下垂，略有清香为适度（俗称茶叶贴筛）。

"凉青"是在阴凉无风处摊青。即将晒过的茶青进行并筛，厚度八九层叶片，静置于凉青架约2.5~3小时，以平衡叶片水分。

"做青"是使茶青在翻动、滚条过程中产生发酵作用。由碰青—静置两个步骤交替进行。全程须碰青6~7次，叶色深的为7次，叶色浅的一般为6次。历时10~12小时。头3次碰青，间隔时间较长，约2小时碰青一次，后3~4次碰青，间隔时间较短，约1.5小时一次。少量高级差一般全程用手工碰青；批量茶用摇筛结合手工，或全程用机械做青。手工碰青俗称"做手"，方法是先把茶青收拢成堆，两掌从堆底五指扶茶，向上轻轻抖动，每往返一次为1手，前3次分别为3手—4手—5手—6手—7手，最后2次做青看茶青发酵情况而定轻重，或减少做手次数，或用摇筛增加力度，以合乎要求为度。做青全过程手法轻重，要结合看茶青气味的变化，一般做青1~2次，茶青呈"青味"；第3次呈"青香味"；第4~5次呈"青花香味"；第6~7次呈"花香微青味"。单丛茶碰青适度标准，要求70%以上叶片达到"三分红七分绿"，俗称"绿腹红边"。做青适度经静置1小时后，才可进行杀青。

"杀青"传统采用双炒法，俗称炒茶。第一次杀青，锅温130~150℃，时间10~

15min，杀透后出锅，温热轻揉，再进行二次杀青，比第一次锅温稍低，其作用是进一步消除青臭味，也是达到杀青适度的标志。

"揉捻"，要求揉成紧结条形。

"烘焙"，高级单丛用焙笼烘干，分毛火—二焙—三焙—足火四个步骤。毛火每笼投叶0.25kg，烘温95℃，烘至五六成干后摊晾；二焙投叶量0.5kg，烘温80~90℃，烘至八成干后摊晾；三焙投叶1.5kg，温度80℃，烘九成半干后摊晾。最后足火投叶量2.5kg，用簸箕覆盖焙笼，温度50~60℃，有提香和烘干作用。单丛茶批量生产的干燥作业，分毛火、足火，一般用"焙橱"或烘干机。

烘干后的毛茶，经过摊晾后，密封保管。

精选工序——高级茶，按单丛类别用手工精选。一般过程为：归堆—筛分—拣剔—复火（俗称收火）—包装。即把品质相近的同类单丛归堆；通过筛除短、碎、片、末，提取完整茶条；拣剔老叶、黄片、茶梗、茶头等，经过"收火"复焙，即为"精选茶"，再分类包装。

（3）花色和外形品质要求

凤凰单丛：条形茶，条索壮结，匀整，色泽乌褐油润。分特级、1~4级。

岭头单丛：条形茶，条索紧结，条索紧结稍弯，匀整，色泽黄褐油润。分特级、1~4级。

水仙：条形茶，条索粗壮挺直，色泽黄褐（俗称鳝鱼色）或乌油润。内销茶不分级（外销茶用的毛茶收购，分特级、1~4级）。

色种：条形茶，条索紧结完整。等级参照闽南色种。

小叶乌龙：条形茶，条索瘦小较轻，梗短小，色泽砂绿油润。批量少没分级。

3. 单丛乌龙茶外形鉴评

单丛茶外形特点条索壮紧、体长挺直（岭头单丛稍弯），叶柄较长。一般高山茶、老丛茶条索较细紧；中、低山茶、嫁接新茶丛、条索较粗壮。无论条索粗细，高档茶要求条索完整紧实、匀净，无断碎梗杂；中档茶条索壮实，稍含茶梗；低档茶粗实或较为粗松。各类单丛中，岭头单丛色泽浅黄褐，红点明显。凤凰单丛"白叶型"的，色泽浅褐或绿褐，主脉赤红；"乌叶型"的（如大乌叶），色泽乌润。色泽要求鲜明具有光彩，高级茶显光润、油润；中、低档茶光泽较次；色泽驳杂的，是原料粗老、做工粗放的产品。

单丛茶外形与内质的一致性主看色泽特征和光润度，在形状方面，不能一概而论，某些低档茶经手工筛制精选，也具有壮紧完整条索，但内质低次。

单丛茶外形等级要求，如表4-20。

表 4-20　单丛茶外形等级要求

等级	凤凰单丛	岭头单丛
特级	紧结壮直，完整匀齐；褐（乌）润有光；不含梗、片、碎末	紧结稍弯，完整匀齐；黄褐油润；不含梗、片、碎末
一级	紧结壮直，匀齐；褐（乌）亮油润；不含梗、片、碎末	紧结稍弯曲，匀齐；色泽黄褐油润；不含梗、片、碎末
二级	壮结尚匀齐；色泽鲜润；稍带梗、片	尚紧结匀齐；色泽乌褐或赤褐，尚润；匀欠齐
三级	尚紧结、匀齐；色泽尚润；稍带梗、片	欠紧结匀净；色青褐或赤褐欠润；含少量梗、片
四级	稍粗，欠紧结或疏松，参差不齐，黄褐欠润至无光泽，夹杂梗、片	稍粗，欠紧或粗松，欠匀；色枯，夹杂梗片

注：根据广东食品工业标准化技术委员会《优质产品标准》；广东省农业厅、省茶叶学会"单丛类乌龙茶"审评参考标准。

4. 单丛乌龙茶内质鉴评

鉴评方法与其他乌龙茶相同。不同点是内质滋味浓度大，比其他乌龙浸泡时间较短，传统凤凰单丛茶一般第一次浸泡 1min，第二次 2min，第三、四次 3min。高级茶须冲泡 3～4 次。

单丛茶内质鉴评，一般要注意三个方面：第一个方面，注意高山、低山茶的区别。同一单丛，一般高山茶香气清高细腻，幽雅富有特色；中山茶香浓欠清，低山茶香浓欠醇，平地茶香低带粗。

第二个方面，"老丛""新丛"茶的区别。新丛茶多指"接种茶"，长势旺盛，一般香味浓、欠细；老丛茶香味清爽、回甘；高山老丛，数量很少，有些是名贵单丛，如"宋种""老八仙"等。

第三个方面，注意香味特征的区别。单丛茶香味特征有两大类型，即"花香型"和"花蜜香型"，花香型又分许多名目，主要有"黄枝香""八仙""芝兰香""玉兰香"等，但其中也有"异丛同名"的，如黄枝香，而且名目不断出现，如"桂花香""杏仁香""茉莉香""姜花香"等，有的香气不稳定。区别香味特征，主要评香气高低和滋味是否醇爽，香型与名称是否相符为次要。滋味辨别"浓、涩、醇、爽、苦、甘"的组合关系，味浓不涩回甘为"浓醇爽口"，味浓微涩不苦为"浓厚"。一般的秋茶略有苦味，醇度较差。此外，"水仙茶"的品质要求与单丛有较大区别。水仙茶特级要求有花果香，一级下只求滋味浓醇，香气只求醇正；单丛茶不论等级高低，均有一定的香气要求。有关单丛茶的品质要求，参见表 4-21。

表 4-21　单丛茶品质要求

凤凰单丛茶		
等级	成品茶内质要求	注：自然花香为凤凰单丛特征香气；叶底色泽有多种呈色，要求亮度好
特级	花香细腻、清高持久，味鲜爽回甘，有清花香味，汤色金黄、清澈明亮，叶底柔软鲜亮、淡黄红边	
一级	花香清高持久，味浓醇爽口，有明显花香，汤色金黄明亮，叶底柔软、淡黄明亮	
二级	清香尚长，味醇厚尚爽，有花香味，汤色清黄，叶底欠匀、淡黄尚亮	
三级	清香低短，味浓稍粗涩，汤色深黄，叶底暗杂	
四级	微香带杂，味粗或硬涩，汤色深黄或泛青，叶底青暗稍杂	
岭头单丛茶		
等级	成品茶内质要求	注＊：1. "花蜜香"为岭头单丛特征香味；2. 叶底红度指"绿腹红边"即"三分红七分绿"
特级	花蜜香细腻、清高持久，滋味鲜醇回甘，带花蜜香味，汤色橙黄、清澈明亮，叶底柔软鲜亮、红度匀	
一级	蜜香细锐持久，滋味醇厚甘爽，有蜜香味，汤色橙黄明亮，叶底柔软、红度匀尚鲜亮	
二级	蜜香尚显，味浓醇有蜜味、尚爽，汤色橙红尚亮，叶底红度尚匀亮	
三级	有蜜香欠鲜爽，滋味浓涩有蜜味，汤色橙红，叶底红度尚匀欠亮	
四级	微蜜香带杂，微粗涩带杂，汤色深红或泛青，叶底红度不匀带花杂	

注＊：引自广东省食品工业标准化技术委员会《优质产品标准》、广东省企业产品标准 QB/44050067814-2000 资料综合。

5. 凤凰单丛茶品质特点及鉴评

（1）凤凰单丛茶品质特点

凤凰单丛茶品质特征包括外形条索紧结、壮直、匀齐、油润、重实、色泽一致；香气特殊的天然花香，清高细锐持久；汤色橙黄、清澈明亮、似茶油色；滋味浓爽、醇厚、回甘力强，具有特殊山韵味；叶底柔软、明亮、匀整、带红镶边。

（2）凤凰单丛茶鉴评方法

凤凰单丛茶鉴评所用器具包括 110ml 盖碗 1 个，碗 3 个，汤匙 1 个等；称取代表性茶样重量 5g；冲泡水温 100 ℃；传统冲泡时间：第一次 1min；第二次 2min；第三次 3min。现行 GB/T 23776-2018 标准中采用第一次 2min；第二次 3min；第三次 5min。

（3）单丛茶鉴评常用术语

单丛茶鉴评过程中，常见的外形主要包括形状、色泽、紧结度、匀齐度四个因子，香气主要包括天然花香及持久性，汤色主要包括颜色和亮度，滋味主要包括浓爽度、回甘度、杂味等方面，而叶底是检验的主要步骤，主要从柔软度、匀整度、红边度进行鉴别。其常用术语见表4-22。

表 4-22 单丛内质一般要求

评比因子	评比内容	常用术语
外形	形状	壮直、细直、较直
	色泽	黄褐、灰褐、赤褐、乌褐、绿褐
	紧结度	紧结、尚紧结、欠紧结
	匀齐度	匀齐、尚匀齐、欠匀、花杂
香气	天然花香	花香显、有花香、带香、闷香
	持久性	清高细锐持久、清高持久、清高、尚清高、尚清、欠香
汤色	颜色	橙黄、浅黄、橙红、绿黄
	亮度·	清澈明亮、明亮、尚亮、欠亮、暗浊、沉积物多
滋味	浓爽度	浓郁、浓爽、醇爽、尚浓、尚醇、欠醇、欠爽
	回甘度	山韵显、有山韵、回甘强、有回甘、味淡
	杂味	焦味、烟味、闷味、杂味
叶底	柔软度	软亮、尚软亮、尚亮、欠软、欠亮
	匀整度	匀整、尚匀整、尚匀、欠匀、花杂
	红边度	红镶边、红边、有红边、带红边

6. 凤凰单丛品质特点

凤凰单丛香气以自然花香为主，根据香气特点综合，常见的有蜜兰香、芝兰香、黄枝香等，下面就以上常见香型举例，其品质特点见表4-23。

表 4-23 常见凤凰单丛品质特点

凤凰单丛	外形	香气	汤色	滋味	叶底
蜜兰香	色泽灰褐、条索紧结较直、尚匀齐、尚润	尚清高、带蜜香	橙黄、尚亮	尚醇爽、有回甘	尚亮、尚匀整、带红边
八仙（芝兰花香型）	色泽灰褐、条索紧结较直、匀齐、尚润	清高、有兰花香	橙黄、明亮	醇爽、有回甘	尚软亮、尚匀整、带红边
芝兰香	色泽乌褐、条索紧结、细直、匀齐、重实、较润	清高细锐持久、兰花香显	橙黄、明亮	鲜爽、浓醇、回甘力强、有山韵	软亮、匀整、有红边

凤凰单丛	外形	香气	汤色	滋味	叶底
玉兰香	色泽灰褐、条索紧结、较直、重实、尚润	清高持久、带玉兰花香	橙黄、尚亮	浓厚、尚爽、回甘力强	软亮、匀整、带红边
黄枝香	色泽灰褐、条索紧结、壮直、匀齐、尚润	清高、黄枝花香显	橙黄、明亮	醇爽、有回甘	尚软亮、匀整、带红边

7. 岭头单丛香味品质

岭头单丛主要呈现蜜香，引用广东省农业地方标准，不同等级岭头单丛香气与滋味有所不同。具体见表4-24。

表4-24　岭头单丛香味品质

级别	香气	滋味
特级特一级	花蜜香清高细锐	醇厚鲜爽，花蜜韵显，回甘强
特二级	花蜜香清高尚锐	醇厚鲜爽，蜜韵显，回甘强
特三级	花蜜香清高	醇厚鲜爽口，蜜韵显，回甘
一级一等	蜜香清醇尚高	浓醇爽，蜜韵显，回甘
一级二等	蜜香清醇	浓醇有蜜韵
二级一等	微蜜香	浓醇微蜜
二级二等	微蜜稍粗	浓稍粗

引自：广东省农业地方标准。

8. 影响单丛茶品质的因素

（1）外形色泽

乌而不润：焙茶火温偏高；焙茶时间太久；茶青较嫩；做青过度。

枯红：晒青或做青过度。

青绿：晒青不足、发酵不足或杀青不足。

枯黑：焙焦。

焦赤：炒焦。

断片碎末：杀青不熟，揉捻初期压力太大；初焙太干或包装时压力太大。

扁条：揉捻叶投量太多而揉捻初期压力太大。

（2）内质（香气、滋味）

滋味醇正欠浓：茶青偏老；做青过度；茶青隔夜、无做青或做青不足。

青味：晒青和做青不足；杀青不足或低温杀青。

苦涩：偏老采摘（涩）；偏嫩采摘（苦）；做青不足。

酸馊味：揉捻和再揉太久；揉茶不及时；揉后没解决摊晾和烘焙不及时。

水味：雨露水采摘的茶青；嫩青做青过程静置茶青时堆放太厚、做青不足；烘茶不干。

黄味：做青过度或静置杀青时堆放太厚；揉后堆存，初焙不及时。

焦味：炒茶或焙茶温度太高。

烟味：用炭焙茶时炉生烟气或炉灰扬起时放茶，炒茶滚筒或焙茶橱热风管破裂。

泥味：做青、揉捻、焙茶时茶叶放在泥地上；雨天采制茶也有微泥味。

日味：做青、炒、焙时用日光晒茶或晒青后摊晾不够时间便进行碰青；成品茶运输过程受日晒。

（3）内质（汤色）

青汤：晒青不足，杀青不足。

红汤：做青过度；闷青；焙茶不及时；焙茶火温太低或太高而焙时间较久。

浊汤：炒焦、焙焦或杀青不足。

（4）内质（叶底）

叶底乌暗：晒青或杀青不足；烘焙火温太低，烘焙时间太长。

叶底太红：做青过度或激青。

叶底死红：鲜叶机械伤或前期做青强度太大。

叶片不开展：焙焦；晒青过度。

叶底粗硬无光：茶青较老。

9. 广东金萱乌龙茶品质特征

外形颗粒状、圆结、重实，色泽褐绿或乌褐、油光、匀整，内质清花香（浓郁）持久，飘溢芬芳，或具高雅奶香，滋味醇厚清爽或醇爽回甘，香气入汤入味，汤色橙黄明亮，叶底绿腹软亮、红边明显。见表4-25。

表 4-25　金萱茶不同生产试验地点的成茶品质鉴评结果表

项目　　产地	外　形	内　质			
		汤色	香气	滋味	叶底
饶平·田峰山 *	条索紧、色油润	清澈明亮	清花香高爽持久显清奶香	醇回甘清爽韵味好	绿腹明亮
梅县阴那山	紧尚圆、色褐绿较润	微黄明亮	香高持长有清花香或带奶香	醇厚甘显山韵味	绿腹尚亮
紫金南洋山	圆紧、色褐尚绿	微黄明亮	香高持长显奶香或清花香	醇回甘显韵味	绿腹尚亮
揭阳大南山侨区	紧较圆、色较黄绿尚润	微黄明亮	高郁持久显奶香或清花香	醇爽回甘	绿腹明亮
农科院茶叶所	圆紧、色褐绿较润	微黄明亮	高郁持长有奶香或清花香	醇较厚甘爽	绿腹尚亮
廉江长山	圆紧匀齐、色沙绿鲜润	清亮	清花香高爽持久带有清雅奶香	醇甘清爽	绿腹明亮
江门鹤泉茶庄 *	条索紧、色润	明亮	清花香持久带有奶香	醇回甘	绿腹明亮

注：2004 年茶样，打 * 为条形茶，其他为珠形茶。

（六）福建乌龙茶鉴评

1. 福建乌龙茶不同类别、不同品种毛茶外形的评定

福建乌龙茶分闽北乌龙茶与闽南乌龙茶两大类，其品种之多，由于受自然环境、地域气候的影响，茶树品种的不同，鲜叶的厚薄，嫩茎的粗细，叶质的软硬，都有明显的区别。福建乌龙茶大多以茶树品种来命名茶叶，因此用哪一个品种的鲜叶采制加工，其外形特征才能具备该品种的特征。在不同的地域、不同的培育管理和不同的采制工艺情况下，对形成乌龙茶各品种外形肥壮、紧结、卷曲、圆结、轻飘、粗松等特征以及色泽砂绿、油润、乌润、褐红、枯红的特征有着密切的相关性。

例一：福建乌龙茶中的水仙品种。由于种植在不同的地区，采制工艺的不同，在外形上闽北水仙、武夷水仙为直条形、肥壮紧结、叶端扭曲；闽南水仙为卷曲形，紧结卷曲；闽西的漳平水仙茶饼则为扁平四方形。在色泽上，武夷水仙绿褐油润或灰褐油润匀带宝色；闽北水仙油润间带砂绿蜜黄；闽南水仙油润带黄、砂绿粗亮；漳平水仙茶饼则乌褐油润。在福建，乌绿水仙品质种植在闽北、闽南、闽西的各地区，它们在外形上有着共同的特征：叶张主脉宽、黄、扁，这是水仙茶树品种所赋予其茶叶外形的品种特征。

例二：种植在安溪的铁观音和种植在永春的铁观音品种，在外形上都具备了铁观音圆

结重实和紧结卷曲重实的品种特征，而在色泽上安溪铁观音油润砂绿；永春铁观音则砂绿乌油润（比安溪铁观音色泽稍偏乌些），这是铁观音品质在外形上不同的地域特征。

例三：安溪铁观音春季外形圆结、重实、匀整、色泽砂绿油润，红点明；夏暑季节外形卷曲圆结稍重实，色泽稍油润砂绿，少量褐红点；秋季外形圆结、稍重实、匀整、色泽油润砂绿（翠绿）；冬季外形卷曲尚细结，色泽油润砂绿（翠绿色）。这是铁观音品种在外形、色泽方面不同的季节特征。

2. 福建乌龙茶精制产品的分级及鉴评

乌龙毛茶的品质是由各地品种、栽培条件、初制技术所形成的，它含有梗、片、大小、粗细、长短、轻重以及水分含量的不均匀性，对茶叶的外观、内质有较大的影响，而且不耐储藏，需要进行精制加工，整理外形，使大小、长短、粗细相对匀齐，达到较为整齐一致的外形，并根据毛茶的内质风格以及不同地区、品种、季节、工艺的区别，进行合理的拼配，提高内质品质，使各等级不同的毛茶归堆拼配后分别精制加工成符合标准，具有各级别规格的产品，并适度干燥，成为便于销售运输、耐久储藏的产品。

精制产品加工的主要过程：毛茶→拼配→筛分→风选→机拣→手拣→干燥→摊晾→匀堆→过磅→装箱→成品。

（1）福建乌龙茶精制产品的分级

福建乌龙茶大宗的精制产品，闽北地区有武夷水仙、武夷肉桂、武夷奇种、闽北水仙、闽北乌龙，均分为特级至四级五个级别。闽南地区有安溪铁观音、安溪色种、安溪黄金桂、闽南水仙、永春佛手，仅安溪黄金桂分为特级、一级，其余的产品分为五个级别，特级至四级。为适应市场的需求，各地都生产了一些花色品种以及小包装茶叶，如武夷金佛、武夷小红袍、大红袍、一枝春、香茗、武夷留香、雪芽奇兰等等，虽无大宗精制产品的级别，但都具备了一定的品质和规格要求。武夷山地区实行原产地保护后，除上述产品外，增加了大红袍、名丛产品。

（2）福建乌龙茶精制茶外形级别的评定

福建乌龙茶产品的鉴评技术，在熟练掌握毛茶鉴评技术的基础上，来掌握各级别、各品种产品的鉴评技术。其操作方法与步骤与毛茶鉴评大体一致，仅在各级别的品质规格和火候程度上区别于毛茶。精制产品外形级别的评定，按照各级别的外形品质要求，并对南、北各地的品种，季节外形特征对照加工样、参考样或贸易成交样，对条索、整碎、色泽、净度四项因子逐项进行评定。

（3）福建乌龙茶精制茶常见外形品质弊病的识别

细嫩：顶叶未展开就采摘。

松扁：揉捻、包揉方法不当或程度不足。

轻飘：晒青过度，摇青不及时、不足或过度，鲜叶粗老。

断碎：杀青不足，揉捻太重；杀青过度后包揉产生断碎；采单片叶、断碎叶、鱼鳞叶。

粗松：采摘粗老，揉捻不足。

枯红：茶青不新鲜，晒青过度，发酵过度。

青绿：雨天茶青"积青"，发酵极差或轻炒的茶叶，同时滋味青浊。

红梗红叶：茶青装压太紧发热，鲜叶受伤破折，晒青温度高或太阳灼烧。摇青方法不当，夏暑茶气温高，走水不匀，杀青不及时。

暗绿：雨天的鲜叶，做青走水不足。

灰赤色：包揉或机器整形造成的。

暗燥：烘后闷堆，回笼茶，绿茶改制乌龙茶，夏茶、暑茶。

枯赤色：原料粗老，用手工制的茶叶。

叶张带焦黑点：杀青时产生的爆点。

褐红：烘焙过度，做青不当，死红张，暗红张。

花杂：不同品种混杂，早、午、晚青混杂，不同批次茶青混杂，导致晒青、做青不均匀。

非茶类夹杂物：茶园管理粗放，初、精制工具、场所不清洁。

象牙色：（好的颜色，评茶时应注意不能评错）黄金桂、赤叶奇兰、白奇兰及个别特殊品种，偶看黄赤似粗老茶，但有特殊的品种香，滋味清醇甘鲜，叶底黄亮。

3. 福建乌龙茶不同类别，不同品种茶内质的评定

乌龙茶的香气滋味与茶树品种、栽培管理、制造工艺、区域、季节有着密切的相关性。优良的茶树品种是影响品质的首要因素，也是形成香气、滋味的重要基础。福建省乌龙茶良种很多，每一个品种都有它独特的品种香、品种味，这是任何农技措施所不可取代的，还须靠评茶人员长期的训练来掌握。

例一：武夷山的肉桂品种。由于种植在不同的山头地段，岩上的香气大多显馥郁或浓郁、辛锐，滋味醇厚、甘润、岩韵显；半岩的香气浓郁清长，滋味醇厚回甘，岩韵较显；洲茶香气大多为清高，滋味醇爽欠醇浓，不显岩韵。肉桂汤色大多显橙黄色或金黄，岩上的橙黄、清澈艳丽，叶底软亮，绿叶红镶边。又例：闽北水仙，在建瓯南雅乡镇（也称南路水仙），香气浓郁清长，兰花香显，滋味醇厚鲜爽回甘，品种特征明显，汤色橙黄清澈，叶底肥软黄亮，红边鲜艳；而东峰小桥乡镇的水仙品种香气浓郁，有兰花香，滋味醇厚鲜爽略回甘，品种特征明显，汤色橙黄，叶底软黄亮、红边显。可见，同一品种种植在不同区域，品种的香气、滋味特征均有区别。

例二：永春佛手品种，表现为三种品质风格。第一种香气浓郁似香橼香，滋味醇厚回甘，品种特征明显，汤色金黄，叶底软亮红边显。第二种香气浓郁清长花香显，滋味醇厚

回甘带花香，品种特征明显，汤色金黄，叶底软亮、肥厚、红边显。第三种香气馥郁持久香橼果香，滋味醇厚鲜爽带果香，品种特征显，汤色橙黄清澈，叶底肥软红边明亮。佛手品种由于初制工艺做青程度的不同，虽都具备了该品种特征的共性，但在品质风格上呈现不同的风格。

例三：安溪铁观音品种。西坪镇的春季铁观音香气浓郁持久，花香显，滋味醇厚鲜爽回甘，音韵明显，汤色金黄清澈，叶底肥厚软亮红边明。祥华镇的铁观音香气馥郁幽长，滋味醇厚鲜爽稍回甘，音韵显，汤色金黄清澈，叶底肥厚软亮红边明。而在秋季，安溪铁观音品种香气馥郁或浓郁高强，秋香显，滋味醇厚鲜爽（秋香，秋水明显），汤色金黄略带绿，叶底肥厚软亮，叶张较绿，红边明。同一品种，不同地域，不同季节都表现了该品种的地域、季节的内质特征。

福建乌龙茶中的水仙、八仙、福建单枞、肉桂、黄金桂这几个品种，无论种植在哪一地区，在外形色泽和叶底色泽方面都有着共同的砂绿、蜜黄、黄润砂绿、乌润带黄、黄亮的特征，虽然茶树品种不同，但都存在着黄这一共同的色泽特征。只是黄的程度略有差别，福建单枞、黄金桂、八仙、水仙比肉桂更加稍显黄一些。

乌龙茶的内质评定，由于每个品种都有特殊的香气、滋味，即使是同一品种，由于自然的微域气候环境不同、季节不同、采制技术不同所形成的各自的品种特征和品质风格均不同。在评茶时，应认真细致地评其共性、特点、一般性、特殊性，论优点，辨个性，相互比较鉴别。

4. 福建乌龙茶精制产品内质评定及弊病的识别

乌龙茶精制茶内质级别评定时，按照各级别的内质品质要求，并对南、北各地的品种、季节的内质特征，对照加工样或参考样，贸易成交样逐项进行。分为香气、滋味、汤色、叶底四项因子。与此同时，注意火候程度，各茶叶加工厂均有自行设置加工各级别的火候样。

20世纪90年代之前，福建乌龙茶各品种各级别的火候均要求充足，20世纪90年代之后为适应市场需求，一般闽南乌龙茶各品种产品，特级火候要求稍轻，一级火候要求轻，二级火候要求较足，三级火候要求足，四级火候要求充足。闽北乌龙茶各级别、各品种火候均要求为高级茶足、低级茶充足。

（1）闽北——武夷岩茶产品感官鉴评

岩茶产于福建武夷市，为历史名茶。创于明末清初，主产武夷山慧苑坑、牛栏坑、大坑、流香涧、悟源涧一带。

武夷岩茶为武夷奇种、武夷水仙、武夷肉桂、武夷品种茶（包括乌龙、黄棪、奇兰、毛蟹、梅占等品种）、武夷极品（主要是各种名丛）等一系列产品的总称，但都必须冠以武夷之名，武夷岩茶为乌龙茶之上品，总的品种特点为：味甘泽而香馥郁，去绿茶之苦，无红茶之涩，性和不寒，久藏不坏。香久益清，味久益醇，叶缘朱红，叶底软亮，具有绿叶红镶边的特征。茶汤金黄或橙黄，清澈明亮。

水仙、奇种、名丛（如大红袍）、肉桂等花色。岩奇种为菜茶群体品种制成，水仙、肉桂为无性系品种。

岩茶条索肥壮，叶端缩曲，形似"蜻蜓头"。毛茶色泽有称为"三节色"的表色特征（头部淡黄、中部乌色、尾部淡红色），叶背起蛙皮状沙粒白点，俗称"蛤蟆背"。成品茶色泽油润，不带梗朴。

岩茶首重"岩韵"：香气馥郁具幽兰之胜，悦则浓长，清则幽远，味浓醇厚，鲜滑回甘，有"味轻醍醐，香薄兰芷"之誉。即所谓"品具岩骨花香"。

"岩韵"只能意会，全凭长期品饮中去静心感悟，难以言传。目前"岩骨花香"的"岩骨"二字，在评茶用语中，以"茶底厚薄""杯底香浓淡""茶汤滋味中有无骨头"等文字描述，确实不尽如人意。但是，"岩韵"确是客观存在的。

大红袍产品感官指标见表4-26，名丛产品感官指标表4-27，肉桂产品感官指标见表4-28，水仙产品感官指标见表4-29。

表 4-26　大红袍产品感官指标

外形	条索	紧结、壮实、稍扭曲
	色泽	带宝色或油润
	整碎度	匀整
内质	香气	锐、浓长或幽、清远
	汤色	清澈艳丽、呈深橙黄色
	滋味	岩韵明显、醇厚、回味甘爽、杯底有余香
	叶底	叶底软亮匀齐、红边或带朱砂色

表 4-27　名丛产品感官指标

外形	条索	紧结、壮实
	色泽	较带宝色或油润
	整碎度	匀整
内质	香气	较锐、浓长或幽、清远
	汤色	清澈艳丽、呈深橙黄色
	滋味	岩韵明显、醇厚、回味快、杯底有余香
	叶底	叶底软亮匀齐、红边或带朱砂色

表 4-28 肉桂产品感官指标

项目		级别		
		特级	一级	二级
外形	条索	肥壮紧结、沉重	较肥壮结实、沉重	尚结实、卷曲、稍沉重
	色泽	油润、砂绿明、红点明显	油润、砂绿较明、红点较明显	乌润、稍带褐红色或褐绿
	整碎	匀整	较匀整	尚匀整
	净度	洁净	较洁净	尚洁净
内质	香气	浓郁持久，似有乳香或蜜桃香或桂皮香	清高幽长	清香
	汤色	金黄清澈明亮	橙黄清澈	橙黄略深
	滋味	醇厚鲜爽、岩韵明显	醇厚尚鲜、岩韵明显	醇和，岩韵略显
	叶底	肥厚软亮、匀齐红边明显	软亮匀齐，红边明显	红边欠匀

表 4-29 水仙产品感官指标

项目		级别			
		特级	一级	二级	三级
外形	条索	壮结	壮结	壮实	尚壮实
	色泽	油润	尚油润	稍带褐色	褐色
	整碎	匀整	匀整	较匀整	尚匀整
	净度	洁净	洁净	较洁净	尚洁净
内质	香气	浓郁先锐、特征明显	清香特征显	尚清醇、特征尚显	特征稍显
	汤色	金黄清澈	金黄	橙黄稍深	深黄泛红
	滋味	浓爽鲜锐、品种特征显露、岩韵明显	醇厚、品种特征显、岩韵明	较醇厚、品种特征尚显、岩韵尚明	浓厚、具品种特征
	叶底	肥嫩软亮、红边鲜艳	肥厚软亮、红边明显	软亮、红边尚显	软亮、红边欠匀

（2）闽南——安溪铁观音

铁观音原产地安溪尧阳，是系列品种，包括竹叶观音、红芽观音等，传说观音所赐，其重如铁因而得名。铁观音产品感官品质要求见表 4-30。

表 4-30 铁观音产品感官品质要求

项目	级别	特级	一级	二级	三级	四级
外形	形状	肥壮、重实、圆结	较肥壮、结实	稍肥壮、略结实	卷曲、尚结实	尚弯曲、略粗松
	色泽	翠绿、乌润	乌润、砂绿较明	乌绿有砂绿	乌绿、稍带褐红点	暗绿、带褐红点
	整碎	匀整	匀整	尚匀整	稍整齐	欠匀整
	净度	洁净	净	尚净、稍有嫩幼梗	稍净、有嫩幼梗	欠净、有梗片

项目	级别	特级	一级	二级	三级	四级
内质	香气	浓郁、持久	清高、持久	尚清高	清醇平正	平淡、稍粗飘
	滋味	醇厚、鲜爽音韵强	醇厚、尚有音韵	醇和、稍鲜有回甘	醇和稍鲜	稍粗味，回甘弱
	汤色	金黄、清澈	尚金黄、清澈	橙黄	深黄	橙红
	叶底	肥软匀整红边明显	尚软亮匀整红边显	稍软亮、略匀整	稍匀整、带褐红色	欠匀整、有粗叶

铁观音产品季节性特点如下：春季外形圆结，重实、匀整、色泽砂绿油润，红点明；夏暑季外形卷曲圆结稍重实，色泽稍油润砂绿，少量褐红点；秋季外形圆结、稍重实、匀整、色泽油润砂绿（翠绿）；冬季：外形卷曲尚细结，色泽砂绿（翠绿色）。这是传统铁观音品种在外形、色泽方面不同的季节特征。在秋季，观音品种香气馥郁或浓郁高强，秋香显，滋味醇厚鲜爽（秋香、秋水明显），汤色金黄略带绿，叶底肥厚软亮，叶张较绿，红边明。

铁观音产品不同产地的内质比较，西坪镇的铁观音香气浓郁持久，花香显，滋味醇厚鲜爽回甘，音韵明显，汤色金黄清澈，叶底肥厚软亮红边明。祥华镇的铁观音香气馥郁幽长，滋味醇厚鲜爽稍回甘，音韵显，汤色金黄清澈，叶底肥厚软亮红边明。感德镇的铁观音香气浓郁高长，滋味醇厚鲜爽、音韵明显，带果酸甘润，汤色金黄清澈，叶底肥厚软亮红边明。铁观音香味品质等级评语见表4-31。

表 4-31　铁观音香味品质等级评语

级别	香气	滋味
一级	浓郁优锐，品种特征极显	鲜醇浓爽，品种特征极显
二级	清高持久，品种特征明显	醇厚甘爽，品种特征尚显
三级	醇浓，品种特征稍显	醇厚爽，品种特征尚显
四级	平正，品种特征微显	醇和，品种特征微显
五级	稍带粗气，品种特征微少	稍粗带涩，品种特征微少

引自：出茶叶品质规格。

（3）闽南——黄棪（旦）（黄金桂商品名）特点

具有"一早二奇"，一早即萌芽、采制、上市早，二奇即外形"黄、匀、细"，内质"香、奇、鲜"。成茶条索紧结卷曲（现在颗粒状），色泽黄绿油润，细秀匀整美观。内质香气高溢清长，香型优雅，有"露在其外"之感，俗称"通天香"，滋味清醇鲜爽，汤色金黄明亮，叶底柔软黄绿明亮，红边鲜亮。黄金桂茶叶感官品质要求见表4-32。

表 4-32 黄金桂茶叶感官品质要求

项目	级别	特级	一级
外形	形状	粒状、细秀、紧卷	粒状、尚细秀、尚紧卷
	色泽	黄绿、有光泽	黄绿
	整碎	匀整	匀整
	净度	洁净	净
内质	香气	清香持久	清醇
	滋味	清醇、鲜爽	清醇
	汤色	金黄、清澈	橙黄
	叶底	软亮、红边明显	尚软亮、红边显

5. 精制乌龙茶内质品质弊病的识别及成因

青气：晒青、做青、杀青不足。

酸馊味：茶叶堆闷变质。

日晒味：阳光照射产生。

闷黄味：鲜叶堆积发热，烘焙出现蒸叶现象，揉捻、包揉时间偏长。

酵香：做青程度稍过度，往往和品种香融为一体。

红黄味：做青过度，汤色泛红，叶底大多显红张。

水闷味：露水青、雨青、成堆没有摊开，没有及时凉青，或在杀青前为了提高叶温，促进发酵，闷堆，做青走水不当。

焦烟味：杀青、烘焙不当。

浑浊：杀青时产生爆点，茶汤有沉淀、焦末或异物。

褐红：杀青时火温低，茶青继续发酵，烘焙不当，做青不当产生死红张，并导致汤色泛红。

青浊气：杀青、做青、包揉不当。

青浊带黑：晒青、杀青、做青掌握不当或隔天茶。

香气不醇：非单一品种，混有其他品种。

香粗、淡、飘：鲜叶粗老。

涩味：鲜叶幼嫩，晒青不足，做青不当，夏暑茶。

苦味：鲜叶幼嫩，苦茶（个别品种除外）。

臭青味：晒青，做青不足。

红闷味：包揉时茶叶在包袋中闷积时间较长而产生的味道。

青浑浊味：杀青不熟不匀。

叶底混杂：品种混合，做青不匀产生叶张有红有绿。

叶张硬挺：鲜叶粗老，杀青时青叶含水分较多无消青，有的鲜叶采摘适当，但做青不当，叶张不柔软。烘焙火偏高也引起叶张硬挺。

暗黄：鲜叶粗老，杀青时闷过度。

本级产品规格不一：筛号茶比例不当，或单一筛号茶。

老火：烘焙过度。

急火：上焙时火温太高，没有文火慢焙。

硬火：烘焙火温偏高，时间偏短，快速干燥，摊晾时间不足即装箱。

热火味：烘焙温度太高，产生火候味，但无焦条，烘焙后摊晾时间不足即包装。

6. 乌龙茶品质术语及常见品质弊病的评语描述

（1）外形形状评语

蜻蜓头：茶条叶端卷曲，紧结沉重，状如蜻蜓头。多为闽南乌龙茶外形特征。

圆结：茶条卷曲如圆形或珠粒圆形。

壮结：肥壮紧结。多为闽北乌龙茶外形特征。

扭曲：茶条扭曲，折皱重叠。为闽北乌龙茶特有的外形特征。

壮直：壮结挺直，不扭不弯。为广东乌龙茶外形特征。

（2）外形色泽评语

砂绿：似蛙皮绿而有光泽。

乌润：色乌黑而有光泽。

褐红：色红中带褐。多为烘焙过度，做青不当，形成死红张而成。

枯红：色红而无光泽，多为发酵过度茶或夏暑茶的色泽特征。

枯黄：色黄而无光泽。

乌绿：色泽绿中显乌，光泽度次于砂绿。

暗绿：色泽绿而发暗，无光泽。

青绿：色绿而发青，多为雨天茶青"积青"而形成。

象牙色：黄中呈赤白，为黄金桂、赤叶奇兰、白奇兰等品种色。

三节色：茶条叶柄呈青绿色，中部呈乌绿黄绿色，带鲜红点。

（3）汤色评语

蜜绿：汤色浅绿略带黄，多为台湾包种茶汤色评语。

金黄：以黄为主，带有橙色，有深浅之分。常用于高中档闽南乌龙茶。

清黄：汤色浅橙黄而清澈。比金黄色的汤色略淡些。

橙黄：黄中略带红，似橙色或橘黄色。

橙红：黄中呈红，比橙黄更显红。多为闽北武夷岩茶之汤色。

（4）香气评语

岩韵：武夷岩茶特有的地域味，俗称"岩骨花香"。

音韵：闽南铁观音所特有的品种香和滋味的综合体现。

浓郁：浓而持久的特殊花果香。

馥郁：浓而幽雅的花果香。

清长：清而醇正并持长的香气。

清香：香清而醇正。

蜜糖香：香甜似蜜糖，多为福建广东单丛之品种香。

青浊气：由于杀青、做青不当而产生的青气和浊气。

老火气：烘焙过度而产生的不快火气。

硬火：烘焙火温偏高，时间偏短，快速干燥，摊晾时间不足即装箱而产生的火气。

红闷气：包揉时茶叶在包袋中闷积时间较长而产生的不良气味。

粗、淡、飘：由于鲜叶粗老或夏暑茶而产生的粗老气、香淡而不持久。

（5）滋味评语

岩韵：武夷岩茶特有的地域味，俗称"岩骨花香"。

音韵：闽南铁观音所特有的品种香和滋味的综合体现。

醇厚：入口浓而爽适甘厚。

浓厚：入口浓而不涩，先味苦，后觉甘醇，余味鲜爽。

醇厚：味醇正而甘厚。

清醇：入口爽适，清爽带甜。

醇和：味不浓不淡，回味略甜。

粗浓：味粗而浓。

青浑浊味：茶汤不新鲜，带有青浊味，多为杀青不熟不匀而产生。

苦涩味：茶味苦中带涩，多为鲜叶幼嫩，做青不当或是夏暑茶而引起。

水闷味：露水青、雨青闷堆未及时摊开，或做青走水不当而引起。

（6）叶底评语

肥软：叶张肥厚而柔软，多为叶形肥大，叶肉肥厚之品种的乌龙茶评语。

软亮：叶张柔软而有光泽，为高中档乌龙茶评语。

绿叶红镶边：为做青发酵较适中乌龙茶之叶底，叶边缘呈鲜红或珠红色，叶中央黄亮或绿亮。

暗红张：叶张发红而无光泽，多为发酵过度、烘焙不当而产生。

死红张：叶张发红而夹杂伤红叶片，为做青不当、烘焙不当而产生。

硬挺：鲜叶粗老或做青不当而使叶张不柔软。

混杂：品种混合，做青不匀产生叶张有红有绿，或有老有嫩。

（七）台湾乌龙茶品质特点与鉴评

台湾茶叶种类花色虽然繁多，但文山包种茶、冻顶乌龙茶、白毫乌龙（椪风茶）及高山乌龙茶为台湾主要特色茶，兹将其品质特色简述如下：

1. 文山包种茶

文山包种茶产于台湾北部山区邻近乌来风景区，以台北县坪林、石碇、新店所产最负盛名。文山包种茶以青心乌龙品种制造者品质最佳，台茶 12 号、13 号亦佳，要求外观呈条索状，色泽翠绿鲜活，水色蜜绿鲜艳，香气清雅似花香，滋味甘醇滑润带活性。文山包种茶是着重香气的茶叶，香气愈浓郁品质愈高级。见表 4-33。

表 4-33　文山包种茶品质鉴评标准

项目	鉴 评 标 准
外观	鲜活墨绿，条索紧结整齐，叶尖卷曲自然，调和清净不掺杂，枝叶连理，粉末黑点未生，银毫白点蛙皮生
汤色	蜜绿鲜艳，澄清明亮水底光，琥珀金黄非上品，橙黄碧绿亦醇青
香气	清香幽雅，飘而不腻，源自茶叶，入口穿鼻，一再而三者为上
滋味	圆滑新鲜无异味，青臭苦涩非上品，入口生津富活性，落喉甘润觉滑软
叶底	枝叶开展鲜活样，绿叶金边色隐存，叶绿红斑非上品

2. 冻顶乌龙茶

冻顶乌龙茶产于台湾中部邻近溪头风景区海拔 500~800m 山区，为南投县鹿谷乡的特产茶叶。冻顶乌龙茶因制造过程经过布球揉捻（团揉），外观紧结成半球形，色泽墨绿，水色金黄亮丽，香气浓郁，滋味醇厚甘润，饮后回韵无穷，是香气、滋味并重的台湾特色茶，见表 4-34。

表 4-34　冻顶乌龙茶品质鉴评标准

项目	鉴 评 标 准
外观	鲜活墨绿油光显，紧结匀整半球状，枝叶卷曲连理生，调和清净不掺杂，银毫白点泛金辉，黑点片末红梗无
汤色	金黄鲜艳，澄清明亮水底光，琥珀泛金亦醇青，高山乌龙呈蜜绿，碧绿青翠非上品
香气	清香扑鼻，飘而不腻，源自茶叶，入口穿鼻，一再而三者为上
滋味	醇厚圆滑无异味，青臭苦涩非上品，入口生津富活性，落喉甘润韵无穷
叶底	枝叶开展鲜活样，叶绿柔软红镶边，高山绿叶隐金边，叶绿红斑非上品

冻顶乌龙茶的品质特点为：外形卷曲呈半球形，色泽墨绿油润，冲泡后汤色黄绿明亮，香气浓，有花香略带焦糖香，滋味甘醇浓厚，耐冲泡。冻顶乌龙茶品质优异，历来深受消费者的青睐，畅销我国港澳台地区及东南亚等地。

3. 高山乌龙茶

台湾饮茶人士所惯称的"高山乌龙茶"是指，海拔 1000m 以上茶园所产的半球形包种茶（市面上俗称乌龙茶或台式乌龙）。主要产地为嘉义县、南投县内海拔 1000～1500m 新兴茶区。因为高山气候冷凉，早晚云雾笼罩，平均日照短，致茶树芽叶所含儿茶素类等苦涩成分降低，而茶氨酸及可溶性糖等对甘味有贡献之成分含量提高，且芽叶柔软，叶肉厚，果胶质含量高，因此高山乌龙茶具有色泽翠绿鲜活，滋味甘醇、滑软、厚重带活性，香气淡雅，汤色蜜绿显黄及耐冲泡等特色。

4. 椪风茶（膨风茶）

椪风茶又称白毫乌龙、东方美人、椪风乌龙，为台湾名茶中之名茶，全世界仅台湾产制，由采自受茶小绿叶蝉吸食后发酵嫩茶芽，再经手工搅拌控制发酵，使茶叶产生独特的蜜糖或熟果香，为新竹县北埔、峨眉及苗栗县头份所产特色茶。椪风茶，以芽尖带白毫愈多愈高级，故又称"白毫乌龙"，其外观不重条索紧结，而以白毫显露，枝叶连理，白、黄、褐、红相间，犹如朵花为其特色，汤色呈琥珀色，具熟果香、蜜糖香。滋味圆柔醇厚。

【复习思考题】

1. 工夫红茶品质有哪些要求？

2. 广东、海南红碎茶各花色外形有哪些要求？

3. 红茶不同季节茶叶外形有何区别？

4. 举例说明红茶常见外形品质弊病及改进措施。

5. 红茶品质描述举例。

6. 乌龙茶不同品种内质的异同点。

7. 举例说明乌龙茶常见内质品质弊病的形成原因及改进措施。

8. 谈谈广东单丛茶外形品质特点。

9. 凤凰单丛与岭头单丛在内质上有什么区别？

10. 福建乌龙茶分闽北乌龙茶与闽南乌龙茶，其在外形的内质上有什么区别？

11. 精制乌龙茶内质品质弊病的识别及成因有哪些？

12. 举例描述福建乌龙茶品质的特点特征。

13. 试述台湾乌龙茶品质特点与鉴评标准。

项目五

白、黑茶品质鉴评

知识目标

（1）掌握白茶品质鉴评要点。

（2）掌握黑茶品质鉴评要点。

（3）掌握不同黑茶与白茶的品质特点。

技能目标

（1）具备白茶品质鉴评能力。

（2）具备黑茶品质鉴评能力。

一、白茶品质鉴评

（一）白茶外形鉴评

1. 白茶感官鉴评品质因子

白茶品质因子略有别于红、绿茶，外形干看，以嫩度、色泽并重，适当结合形态和净度；内质湿看，以叶底嫩度为主，兼评香气、滋味，汤色仅作参考。嫩度与色泽是白茶品质重要因子，嫩度高，初制工艺合理，色泽墨绿，相对它的内质香气，滋味必然是好的，所以嫩度和色泽在很大程度上决定了白茶的品质。

2. 外形评比嫩度、色泽、形状、净度

嫩度：把标准样（或收购样、参考样等，以下同）和供试样分别倒入茶盘，以标准样为对照，选择嫩度靠近供试样等级的标准样作比较（以下各因子同），评供试样的嫩度。比毫心含量多与少，肥壮和瘦小，比1芽1叶，1芽2叶等含量多少，并及时用准确的鉴评用语记录下来，评出供试样嫩度相当于标准样的水平（毛茶为级等，精茶为级别档次，以下各因子同）。

色泽：对照标准样比毫色是否银白有光泽，叶面灰绿、叶背银白或墨绿、翠绿色为好，铁板色、草绿、黄、黑、红为劣，并作审评记录，评出供试样相当于标准样的水平。

形状：对照标准样，看试样叶态是否平伏舒展，还是叶片摊开；叶缘垂卷，叶面有隆起波纹，还是折皱、弯曲；芽叶连枝梢并拢，叶尖上翘，还是芽叶断开等，并作好记录，评出相当于标准样的水平。

净度：对照标准样，看是否含有蕾、老梗、老叶及蜡叶，禁含非茶类夹杂物，并作好记录。

（二）白茶内质鉴评

白茶内质评比香气、滋味、汤色、叶底（包括嫩度和色泽）。对照标准样开汤鉴评，操作方法同红、绿毛茶。白毛茶内质以叶底嫩度和色泽为主，兼评香气、滋味和汤色。

汤色：白茶开汤后，由于茶汤在空气中变化快，必须首先将汤色对照标准样评定，汤色以橙黄明亮（或浅杏黄）为佳，红、暗、浊为劣，并作好记录。

香气：对照标准样，香气以毫香浓显、清鲜醇正为佳，淡薄、青香、风霉失鲜、发酵熟感为次。评香气高低，并作好鉴评记录。

滋味：白茶滋味以鲜美、醇厚、清甜为佳，粗涩淡薄为差，对照标准样评出滋味好坏程度，并作好记录。

叶底：白茶叶底的嫩度、色泽好，它的香味一定是好的，因此叶底的嫩度、色泽作为内质重要因子加以评定。叶底嫩度以匀整、肥嫩、毫芽多为佳，硬挺、破碎、粗老为差；色泽鲜亮为好，暗杂、花红、焦红边为差。对照标准样评定出供试样相当于标准样的水平。

（三）白茶品质特征

白茶因采摘标准和制法不同，所形成的品质风格也不一。

1. 银针　银针是采摘大白茶的肥芽，或采摘大白和水仙品种的1芽1、2叶，再行抽针（即把芽与叶分开，芽用来制银针，叶用来制贡眉）制成。其品质特征是：色泽鲜明，遍披白毫，具有银色光泽，香气清鲜，毫味浓，滋味鲜爽微甜，汤色晶亮，呈浅杏黄色。

2. 白牡丹 叶张灰绿或暗绿，稍呈银白光泽，毫心肥壮，叶张肥嫩且波纹隆起。叶缘反向叶背垂卷，芽叶连枝不得断碎，成 1、2 叶抱心形态。内质毫香显，味鲜醇，不带青气和苦涩味，汤色杏黄或橙黄清澈，叶底浅灰，绿面白底，叶脉微红，品质仅次于银针。

3. 大白 叶张肥壮，毫心肥大，色翠绿，香味鲜醇。

4. 水仙白 叶张肥大，毫心长而肥壮，叶色灰绿（如制法不当易带黄色）；香气清芳甜醇。

5. 小白 叶张细嫩，毫心细秀，色泽灰绿，香清芳，味爽。

6. 贡眉 叶张毫心小，叶色灰绿带黄，品质次于白牡丹。

7. 寿眉 品质次于贡眉，介于贡眉三、四级之间，寿眉及茶片均为副茶。

8. 白茶饼 白茶饼是采用白茶原料以蒸压工艺压制而成饼状白茶，其品质的高低与原料的好坏及压制过程及储存情况密切相关，一般原料正常、压制正常的白茶饼外形饼面完整，条索清晰，滋味醇厚。

（四）白茶品等级评语

根据 GB/T 22291-2017 白茶感官品质，白毫银针感官品质要求见表 5-1，白牡丹感官品质要求见表 5-2，贡眉感官品质要求见表 5-3。

表 5-1 白毫银针感官品质要求

级 别	项 目							
	外 形				内 质			
	叶态	嫩度	净度	色泽	香气	滋味	汤色	叶底
特级	芽针肥壮，匀齐	肥嫩，茸毛厚	洁净	银灰白富有光泽	清醇毫香显露	清鲜醇爽毫味足	浅杏黄清澈明亮	肥壮软嫩明亮
一级	芽针瘦长，匀齐	瘦嫩，茸毛略薄	洁净	银灰白	清醇毫香显	鲜醇爽毫味显	杏黄清澈明亮	嫩匀明亮

表 5-2 白牡丹感官品质要求

级 别	项 目							
	外 形				内 质			
	叶态	嫩度	净度	色泽	香气	滋味	汤色	叶底
特级	芽叶连枝叶缘垂卷匀整	毫心多肥壮叶背多茸毛	洁净	灰绿润	鲜嫩，醇爽毫香显	清甜醇爽毫味足	黄清澈	毫心多叶张肥嫩明亮

级别	项目							
	外形				内质			
	叶态	嫩度	净度	色泽	香气	滋味	汤色	叶底
一级	芽叶尚连枝叶缘垂卷尚匀整	毫心较显尚壮叶张嫩	较洁净	灰绿尚润	尚鲜嫩醇爽有毫香	较清甜醇爽	尚黄清澈	毫心尚显叶微张尚明
二级	芽叶部分连枝，叶缘尚垂卷尚匀	毫心尚显叶张尚嫩	含少量黄绿片	尚灰绿	浓醇略有毫香	尚清甜醇爽	橙黄	有毫心叶张稍嫩稍有红张
三级	叶缘略卷有平展叶、破张叶	毫心瘦稍露叶张稍粗	稍夹黄片蜡片	灰绿稍暗	尚浓醇	尚厚	尚橙黄	叶张尚软有破张红张稍多

表 5-3 贡眉感官品质要求

级别	项目							
	外形				内质			
	叶态	嫩度	净度	色泽	香气	滋味	汤色	叶底
特级	芽叶部分连枝叶态紧卷、匀整	毫尖显叶张细嫩	洁净	灰绿或墨绿	鲜嫩有毫香	清甜醇爽	橙黄	有芽尖叶张嫩亮
一级	叶态尚紧卷尚匀	毫尖显露叶张稍嫩	较洁净	尚灰绿	鲜醇有嫩香	醇厚尚爽	尚橙黄	稍有芽尖叶张较尚亮
二级	叶态略卷稍展有破张	有尖芽叶张较粗	夹黄叶铁板片少量蜡片	灰绿稍暗夹红	浓醇	浓厚	深黄	叶张较粗稍摊有红张
三级	叶张平展破张多	小尖芽稀露叶张粗	含鱼片、蜡片较多	灰黄夹红稍暗	浓稍粗	厚稍粗	深黄微红	叶张粗杂红张多

二、黑茶品质鉴评

（一）黑茶产品花色

黑茶的茶品花色较多，一般有湖南黑茶的茯砖、黑砖、千两茶、天尖茶；四川边茶的康砖、方包茶；湖北老青茶的青砖和广西六堡茶等，黑茶部分产品花色规格见表5-4。

表 5-4　黑茶部分产品花色规格

产品	花色	单位重量	规格（cm）	水分含量	含梗量	粗纤维
湖南黑茶	特制茯砖	2kg/片	3.5×1.85×0.45	14%（计重12%）	18%	26%
	黑砖	2kg/片	3.50×1.80×0.33	14%（计重12%）	18%	27%
	千两茶	35~36kg/根	高145cm 直径20cm	14%	15%	
	天尖茶	45~48kg/篓	60×35×35	15%	3%	
四川边茶	康砖	0.5kg（片）	160×50×60	16%	8%	20%
	方包茶	35kg	68×50×32	20%（计重14%）	60%	
湖北老青茶	青砖	2kg（片）	32×15×4	12%	30%	
广西六堡茶	六堡茶	30~50kg	方底圆篓高54cm，径51cm	16%	10%~15%	

（二）黑茶品质要求

1. 黑茶的工艺特色（举例）

黑茶的工艺特色包括黑毛茶"松烟烘焙"和黑砖茶"烘房作业"，其作业特点包括烘焙时间和温度指标。

在湖南制作黑茶过程中，千两茶"露天凉晒"，茯砖茶"发花干燥"也是其工艺特色，主要把控温度、湿度、时间、干燥的要求。

而在湘、鄂、川所产黑茶的工艺特点包括压制的茶坯，都经过"高温汽蒸"，还有多数黑茶产品，都需要经过"烘焙干燥"，而在工艺方法趋于定型，多数产品有国家标准规范。

广东"陈香茶"的开发，也具有黑茶的工艺特色，其工艺特色主要是排除了一切可能产生"霉杂"气味的不合理操作，生产的产品包括凤凰单丛饼、单丛千两茶、仁化白毫饼等，其特点有别于湖南黑茶，又有别于普洱茶。

2. 主要黑茶的品质要求

（1）花砖茶（GB 9833.1-2013）

外形要求砖面平整，花纹图案清晰，棱角分明，厚薄一致，色泽褐、无黑霉、白霉、青霉等霉菌；内质要求香气醇正或带松烟香，汤色橙黄，滋味醇和。

（2）黑砖茶（GB 9833.2-2013）

外形要求砖面平整，花纹图案清晰，棱角分明，厚薄一致，色泽褐、无黑霉、白霉、青霉等霉菌；内质要求香气醇正或带松烟香，汤色橙黄，滋味醇和微涩。

（3）茯砖茶（GB 9833.3-2013）

外形要求砖面平整，棱角分明，厚薄一致，发花普遍茂盛，砖面色泽，特茯褐黑色，普茯为黄褐色。砖内无黑霉、白霉、青霉、红霉等杂菌；内质要求汤色橙黄，香气醇正，特茯滋味醇和，普通茯滋味醇和无涩味。

（4）千两茶

外形要求圆柱形匀整，高 145cm，直径 20cm，每根重 36kg，茶柱不凹扁、无烧心、霉烂；内质要求香气醇正，汤色橙黄或橙红，滋味醇和。

（5）湖北老青茶

外形要求砖面平整，花纹图案清晰，棱角分明，厚薄一致，色泽黄或青褐，无黑霉、白霉、青霉等霉菌；内质要求醇正，汤色深黄或红黄，滋味醇正。

（6）广西六堡茶

外形要求色泽黑褐，内质要求香气醇正，汤色红黄明亮，滋味尚醇厚，叶底黄褐均匀。

（7）四川金尖茶（GB 9833.7-2013）

外形圆角长方体，稍紧实，无脱层，色泽棕褐，无青霉，黄霉；内质香气醇正，汤色黄红尚明，滋味醇和。

（8）四川康砖茶（GB 9833.4-2013）

外形圆角长方形，表面平整、紧实，洒面明显，色泽棕褐，无青霉、黑霉；内质香气醇正，汤色红褐、尚明，滋味尚浓醇。

3. 主要黑茶品质审评要点

（1）天尖茶

天尖茶原料以春茶为主，形状条索紧结匀整，色泽乌黑调匀无枯老黄叶片；香气醇正带清香和松烟味，味浓厚，汤色黄明，叶底老嫩相近。

（2）花砖茶

花砖茶是 1958 年由花卷（千两茶）改制而成。外表色泽黑润为佳；内质香气醇厚、味浓厚微涩、汤色深黄者为正常。

（3）茯砖茶

砖中"金花"茂盛、干闻有"黄花清香"、色泽黄褐色为最佳。有青绿灰黑杂色霉菌、闻之有霉气为最差；汤色以橙黄或橙红为佳，淡黄或黑褐次之，暗浊差，叶底黄褐为正常，青褐色差。

（4）青砖茶

外表乌黄色或青褐色为正常，香味以醇正无青气为佳，汤色深黄或红黄尚亮为好，浅黄暗浊为次。

（5）千两茶

外表色泽黑褐，断面黄褐均匀为好；老千两茶汤色深红，香气"陈醇"，滋味醇滑，感茶味十足。

（6）广东"单丛千两茶"

单丛千两茶汤色深红，香气醇正，带陈味，滋味醇尚滑。

（7）广东"单丛陈香饼"

单丛陈香茶饼面完整，外形乌褐色泽稍润，香气醇正，汤色深红，滋味醇厚，陈香明显。

（三）黑茶外形鉴评

1. 黑毛茶

黑毛茶外形评定形状（包括条索和嫩度）、净度、色泽和干香。对照收购样或参考样，以嫩度和条索为主，兼评净度、色泽和干香。嫩度主要看叶质老嫩，叶尖多少；条索主要看茶条的松紧、弯直、皱平、圆扁、下盘茶比例以及茶叶身骨的轻重，以条索紧卷圆直，身骨重实为上，松扁、折皱、轻飘为下。净度看黄梗、浮叶和其他夹杂物的含量。色泽看颜色的枯润、醇杂，以油黑为好，花黄绿色或铁板色为差。嗅干香主要区别醇正、高低，有无火候香和松烟香，以有火候香带松烟香为好，火候不足或烟气太重稍次，粗老气或日晒气为差，如有烂、馊、酸、霉、焦和其他较重异杂气的为劣。

2. 压制茶

紧压茶又称为压制茶，是以湖南黑毛茶、湖北老青茶、四川的毛庄茶和做庄茶、红茶的片末等副产品、六堡散茶、云南晒青毛茶、普洱茶等为原料，经整理加工后，汽蒸压制成型的再加工茶。紧压茶按原料类别不同，有云南的晒青型紧压茶和普洱型紧压茶，湖南的黑毛茶紧压茶如花砖、黑砖、茯砖等，湖北的老青砖、米砖茶，四川的康砖、金尖茶，广西的篓装六堡茶等。

有洒面压制茶——（青砖、米砖、沱茶、康砖、紧茶、圆茶、饼茶）：评比松紧、匀整、光洁度。松紧度看块状外形大小、厚薄是否一致；匀整度看外形是否端正无缺损、棱角是否整齐、压模纹理是否清晰；光洁度看洒面分布是否均匀、有无起层脱面、包心外露；再将块状解开，检查茶梗老嫩、有无霉烂变质及夹杂。

无洒面压制茶——篓装筑制茶（六堡茶、湘尖等）：评比松紧、嫩度、色泽和净度。要求松紧适当，条索较紧，色泽光润，无枯老黄叶；砖形茶（黑砖、花砖、茯砖、金尖），评比匀整度、松紧、嫩度、色泽、净度。匀整度比形态端正、棱角整齐、模纹清晰，有无起层落面。松紧指厚薄、大小一致。嫩度看梗叶老嫩。色泽看油黑程度。净度看筋梗、片末、朴籽及其他夹杂含量。

（四）云南普洱茶类型与等级

1. 普洱散茶等级与品质特征

普洱散茶的外形评定，评比条索、色泽、整碎、净度四项因子，侧重色泽。条索主要看松紧、重实的程度，整碎主要看匀齐度，净度主要看含梗量的多少，色泽看含芽毫的多少，色泽的深浅，以色泽褐红为好，色泽发黑或花杂、枯暗均"发酵"不好，品质较差。看色泽是否均匀一致，均匀一致的表示"发酵均匀"，品质好，色泽花杂有青张表示发酵不匀，品质较差。高品质的普洱茶外形金毫显露、条索紧结、重实、色泽褐红、调匀一致。

（1）主要评比条索和色泽

形状——评比壮细、松紧，芽毫多少有无，以紧结匀整，多芽毫为好；

色泽——评比深浅、匀杂，以褐红均匀为好，枯暗、发黑或花杂为次；

匀净度——评比匀整、断碎及梗片多少，以条索粗松、梗片多为次。

（2）普洱散茶的等级

标准品质分为：特级、一至十级，共十一个等级。

实物标准样制作特级、一、三、五、七、九级共六个（每五年换配一次）。普洱散茶品质各具特点，特征见表5-5。

表 5-5 普洱散茶品质特征

成品名称	形状规格	色泽	香气	滋味	汤色	叶底
金芽	全芽整叶有锋苗	全披金毫色泽橙黄	毫香细长陈香	醇厚甘爽	橙红明亮	红亮柔软
宫廷	紧细匀直、规格匀整有锋苗	金毫显露色泽褐润	陈香馥郁	醇和甘滑	红浓明亮	褐红亮软
特级	紧细较匀、规格整齐有锋苗	金毫显露色泽褐润	陈香高长	醇厚回甘	红浓明亮	褐红亮软
一级	紧结重实有锋苗	芽毫较显红褐尚润	陈香显露	醇浓回甘	深红明亮	褐红亮软
二级	肥壮紧实	红褐尚润略显毫	陈香显露	醇厚回甘	红浓明亮	红褐尚亮较软
三级	肥壮尚紧	红褐尚润欠匀	陈香醇正	醇厚回甘	红亮	红褐尚亮软
四级	粗壮欠紧欠匀	红褐尚润欠匀	陈香醇正	醇和回甘	红亮	红褐欠亮尚软
五级	粗大松泡	红褐欠匀润	陈香醇正	醇和回甘	红亮	红褐欠亮尚软

2. 紧压茶的分类及品质

普洱紧压茶外形有圆饼形、沱形、砖形等多种形状和规格。不做实物标准样。普洱压制茶品质特征，优质普洱茶，陈香显著，滋味醇厚回甘，汤色红浓明亮，叶底褐红。普洱压制茶品质特征见表 5-6。

表 5-6 普洱压制茶品质特征

成品名称	色泽	香气	滋味	汤色	叶底
普洱沱茶	红褐油润略显毫	陈香滑润	醇厚滑润	深红明亮	褐红亮软
普洱紧茶	红褐尚润	陈香显露	醇和滑润	红浓明亮	褐红尚亮较软
七子饼茶	红褐油润有毫	陈香显露	醇和滑润	深红明亮	褐红亮软
普洱砖茶	红褐尚润有毫	陈香明显	醇和	红亮	褐红尚亮软
普洱小沱茶	红褐尚润	陈香醇正	醇和	红浓明亮	褐红尚亮较软
普洱小茶果	红褐尚润	陈香醇正	醇和	深红红亮	褐红尚亮柔软
普洱小圆饼	暗褐润	陈香醇正	醇和	深红明亮	褐红亮软

云南紧压茶根据原料不同分为晒青型紧压茶和普洱型紧压茶。

晒青型紧压茶是以云南晒青毛茶为原料，经整理加工、拼配匀堆后蒸压定型、干燥而成，其产品主要有内销沱茶、紧茶、饼茶、方茶、七子饼茶（青饼）等。其中沱茶加工工艺中无发酵工序，而紧茶、饼茶、方茶、七子饼茶等茶加工工艺中均有发酵（或渥堆）工序。

普洱型紧压茶是以云南普洱茶散茶为原料，拼配匀堆后蒸压定型、干燥而成，其产品主要有普洱沱茶、普洱砖茶、普洱七子饼茶等。

沱茶：是将整形后的晒青绿茶经拼配匀堆、筛分、拣剔、拼配、蒸压定型、干燥包装而成。根据所用晒青毛茶的等级和比例不同，又有特级沱茶、甲级沱茶（包括小沱茶）和乙级沱茶之分，其品质特征以下关茶厂产品为例见表5-7。

紧茶：是将整形后的晒青毛茶经拼配匀堆、筛分、沤堆、拣剔、蒸压定型、干燥包装而成。根据压制模具不同，又有砖形和心脏形之分，品质特征见表5-7。

饼茶、七子饼茶和方茶的加工工艺同紧茶，品质特征见表5-7。

普洱沱茶：是晒青毛茶经沤堆发酵、筛分、拣剔、拼配、蒸压定型、干燥包装而成，发酵程度重于紧茶、饼茶等青型紧压茶，其品质特征见表5-7。

普洱饼茶、普洱七子饼茶和普洱方茶加工工艺同普洱沱茶。

表 5-7　云南紧压茶产品形状规格及品质特征

品质特征\产品名称	外形				内质			
	洒面	匀整	色泽	净度	香气	洒面	匀整	色泽
特级沱茶	白毫特显条索肥嫩	匀整	深绿光润	无嫩茎	特级沱茶	白毫特显条索肥嫩	匀整	深绿光润
甲级沱茶	白毫显著条索紧结	匀整	深绿油润	有嫩茎	甲级沱茶	白毫显著条索紧结	匀整	深绿油润
乙级沱茶	白毫显著条索尚紧	匀整	深绿尚润	有嫩茎	乙级沱茶	白毫显著条索尚紧	匀整	深绿尚润
紧茶	有毫乌条多、紧实	平整紧实厚薄均匀	深绿带褐	有梗片	紧茶	有毫乌条多、紧实	平整紧实厚薄均匀	深绿带褐
饼茶七子饼茶	毫较多乌条多紧实	平整紧实厚薄均匀	深绿带褐	有梗片	饼茶七子饼茶	毫较多乌条多紧实	平整紧实厚薄均匀	深绿带褐
方茶	毫较多乌条多紧实	平整紧实厚薄均匀	深绿带褐	有梗片	方茶	毫较多乌条多紧实	平整紧实厚薄均匀	深绿带褐
普洱砖茶	有毫条索粗壮紧实	平整紧实厚薄均匀	褐红	有梗片	普洱砖茶	有毫条索粗壮紧实	平整紧实厚薄均匀	褐红

品质特征＼产品名称	外　形				内　质			
	洒面	匀整	色泽	净度	香气	洒面	匀整	色泽
普洱沱茶	较显毫条粗壮紧实	平整紧实厚薄均匀	褐红	稍有梗片	普洱沱茶	较显毫条粗壮紧实	平整紧实厚薄均匀	褐红
普洱饼茶普洱方茶	较显毫条索粗壮紧实	平整紧实厚薄均匀	褐红或带灰白	稍有梗片	普洱饼茶普洱方茶	较显毫条索粗壮紧实	平整紧实厚薄均匀	褐红或带灰白
普洱七子饼茶	有毫条索粗壮紧实	匀整	褐红	有梗片	普洱七子饼茶	有毫条索粗壮紧实	匀整	褐红

资料来源：下关茶厂紧压茶品质规格表

（五）紧压茶常见外形品质弊病

紧压茶常见外形品质弊病如下：砖面不平整，常由预压扒茶不匀整引起；斧头形砖身一端厚、一端薄，形似斧头，常由预压扒茶时厚薄不匀引起。无花砖特指茯砖茶无金花；烧心砖茶中心部位发暗、发黑或发红，常由砖块压制过紧，砖内水分散发不出引起。散砖、断砖砖块中间断落，不成整块；龟裂脱皮砖面有裂缝、表层茶有部分脱落。缺口砖茶、沱茶、饼茶等边缘有缺损现象。包心外露（也称漏底）面茶中漏现出里茶；泡松指紧压茶因压不紧结而呈现出泡大，易散形状；歪扭一般指沱茶碗口处不端正。歪即碗口部分厚薄不匀，压茶机压轴中心未在沱茶正中心，碗口不正；扭即沱茶碗口不平，一边高一边低。通洞指因压力过大，使沱茶洒面正中心出现孔洞。掉面即洒面出现局部泡松而易散落。掉把特指蘑菇状紧茶因加工或包装等技术操作不当，使紧茶的柄掉落。泛黄常指普洱茶因发酵不匀或发酵不足时色泽不匀、花杂。黑褐色黑而褐，常指普洱茶因发酵过度导致碳化而呈现出的色泽。

（六）黑茶外形鉴评要点

天尖、贡尖、六堡茶主要评比的是嫩度、条索、净度三项因子。砖形茶评比过程要先看形态是否端正，棱角是否整齐，厚薄是否一致，紧度是否适合，有洒面的，看包心是否外露，是否起层落面，看外表梗叶老嫩，看色泽的后发酵程度，茯砖茶看发花是否茂盛，批量检查，要击断或锯开砖身，检视粗老梗子、包心、洒面、有无霉烂和夹杂物。看外表梗叶老嫩，看色泽的后发酵程度，茯砖茶看发花是否茂盛，批量检查，要击断或锯开砖身，检视粗老梗子、包心、洒二面，有无霉烂、夹杂物。

（七）黑毛茶内质鉴评

黑毛茶内质鉴评时评比香气、汤色、滋味、叶底四项因子。香气主要评比醇异、浓淡，以松烟香、浓度高，无日晒、酸、馊、霉、焦气味为品质好的表现；若有粗老气、日晒气则为差；若有酸、馊、霉、焦等异气味且程度较重的，应按劣变茶处理。汤色主要评比色度、亮度及清澈度，色度主要看汤色是否正常，黑毛茶汤色以橙黄为正常色；亮度主要看汤色是否明亮，以明亮为好，深暗为差；清澈度主要看茶汤是否清澈见底，有否沉淀物或细小悬浮物，以醇净清澈透明为好，汤色浑浊或有沉淀物为差。滋味评比醇异、浓淡、苦涩等，以醇正，进口微涩后回甜为好，粗淡、苦涩为差，若有酸、馊、霉、焦等异气味的则为次劣茶。叶底评比嫩度和色泽，以黄褐带青色，叶张开展无乌暗条为好，红绿色或红叶花边为差。

以湖南黑茶为例，品质等级根据叶质老嫩判定，一般一、二级毛茶才开汤鉴评，以看叶底为主，各因子鉴评如表5-8。而团块茶如六堡茶、湘尖、方包、茯砖、花砖、黑砖、康砖、金尖、七子饼茶等，参照内质要求进行鉴评。

表5-8 黑毛茶内质因子鉴评

内质因子	黑毛茶
香 气	嗅干香鉴别高低、醇异、有无火候香和松烟香。以有火候香、松烟香为好；开汤审评以松烟香浓厚为好；香低微或有日晒气为差；带酸、馊、霉、焦及其他异气为劣
汤 色	鉴别颜色、明亮度。以橙黄明亮为好，淡浊为差
滋 味	鉴别浓淡、粗涩程度。微涩（紧）后甜为好；枯涩粗淡为差
叶 底	鉴别嫩度和色泽。叶张完整、开展、匀整无黑条的为好；色红绿、红叶花边为差

1. 内质鉴评方法

（1）天尖、贡尖、六堡茶内质审评

取评比样3g，沸水150ml冲泡5min，一次。

评比香气、汤色、滋味、叶底。

（2）砖茶内质鉴评

取评比样5g沸水150ml冲泡8min（标准要求用250ml杯碗）

评比香气、汤色、滋味、叶底。

2. 普洱散茶的内质评定，评比汤色、香气、滋味、叶底四项因子，侧重香气与滋味。

在云南普洱茶产区，对普洱散茶的内质鉴评，通常采用如下方法，称取样茶3g，用

150ml 杯、碗采取 2 次冲泡法，将称好的样茶加入鉴评杯中用沸水冲入后，立即倒掉茶水（注意不要让茶叶掉出），以去掉浮沫。

随即冲入沸水 150ml，冲泡 1min 时，将茶汤倒入评茶碗中，供鉴评汤色用，然后嗅香气、尝滋味。将冲泡后的茶渣进行第二次冲泡，冲入沸水 150ml，冲泡 2min 时将茶汤倒入评茶碗中，再嗅香气、尝滋味。比较两次冲泡的香气（对比香气的醇度、陈香的持久性及浓度）、滋味（对比滋味的醇和、爽滑程度、浓度及回味）并以第二次冲泡后的香气、滋味为准。

普洱散茶一般分为五个等级，上档普洱滋味醇滑浓厚，具有"陈熟"香气，汤色红浓，叶底红褐嫩匀；低档茶香味醇正、汤色红暗，叶底黑褐。普洱茶"陈香"是在后发酵阴干以后，经过"陈化"阶段形成的，有的夹轻度霉味，应予区别。

普洱紧压茶外形的鉴评侧重形状的匀整、端正、松紧适度。内质的鉴评方法同上。称取的样茶为 4g，用 200ml 杯碗采取两次冲泡法，第一次冲泡 3min，第二次冲泡 5min。

汤色主要比色度、清浊度、亮度。普洱茶汤色要求红浓明亮，深红色为正常，黄、橙黄或深暗的汤色均不符合要求，如汤色橙黄或深暗是"发酵"工艺掌握不好，发酵不匀或发酵过度均可出现此种情况。如汤色浑浊不清，属品质劣变。

香气主要比醇度。普洱茶要求有陈香味，其他各种香型都不符合要求。

滋味主要看醇和、爽滑、回甜。醇和指味清爽带甜、鲜味不足、刺激性不强。普洱茶因经过"后发酵"工艺，茶多酚进一步氧化，使绿茶的滋味得到转化，需要突出"醇和"的滋味。爽滑指爽口，有一定程度的刺激性，不苦不涩，滑与爽口有一定的相同意义，"滑"与"涩"反意，茶汤入口有很舒服的感觉，不涩口。"醇滑"是陈年普洱茶的滋味，一般普洱茶滋味"醇和"。普洱茶忌苦、涩味、酸味，如有苦、涩、酸味，均系发酵不好或品质太新。回甜：茶汤浓而刺激性不强，普洱茶味韵暖甜，茶汤有明显的回甜味。普洱茶属后发酵茶，滋味既不同于绿茶，又不同于红茶，高档普洱的内质是：汤色浓艳剔透，香气陈醇，滋味醇滑回甘。

叶底主要看嫩度、色泽、匀度，而侧重匀度。因为匀度好，叶底色泽均匀一致的，表示"发酵"均匀。相反，叶底如有"焦条"叶张不开展，甚至叶底碳化成黑色，表明"发酵"堆温过高，发生"烧心"产生焦条，这种情况下，一般汤色较浅，滋味淡，叶底如有"青张"，说明后发酵不匀，滋味苦涩，无陈香味，或陈香味不足，是品质较差的表现。

（八）紧压茶内质常见品质弊病的识别

1. 闷气：主要由于发酵不足、不匀、透气不足而产生的一种似"霉气"的不正常气味。

2. 酸气：为普洱茶中发酵不足或水分过多而出现的不正常气味。

3. 霉气：霉变的气味。

4. 青涩：常因发酵不足而产生的滋味带青味且发涩。

5. 平淡：常因发酵过度而引起滋味平淡。

6. 汤色偏黄：指普洱紧压茶类由于发酵不足使茶汤偏黄，不符合深红的品质要求。

7. 深红偏暗：常因发酵过度而引起。

课后思考题

1. 白茶鉴评技术要点有哪些？

2. 紧压茶按原料类别不同有哪些花色产品？

3. 主要黑茶的品质要求是什么？

4. 普洱散茶的品质特征特点有哪些要求？

5. 普洱压制茶的品质特征特点有哪些要求？

6. 紧压茶常见外形品质弊病有哪些？

7. 黑茶外形鉴评要点有哪些？

8. 团块茶内质鉴评方法有哪些？

9. 简述紧压茶内质常见品质弊病的识别方法。

项目六

其他茶类品质鉴评

知识目标

（1）掌握国外代表性茶叶品质鉴评要点。

（2）掌握其他茶类品质鉴评要点。

（3）了解不同代表性茶类的品质特征。

技能目标

（1）具备国外代表性茶叶品质鉴评能力。

（2）具备其他茶类品质鉴评能力。

一、国外代表性茶叶品质鉴评

（一）国外茶叶感官鉴评

中国、印度、斯里兰卡、肯尼亚是世界四大茶叶生产国和出口国，而进出口基本都以红碎茶为主。而红碎茶的鉴评，印度、斯里兰卡和肯尼亚基本沿用英国人留下的评茶方式和术语，但在各自应用中出现了些许不同。日本是广东省、福建省茶叶出口乌龙茶的主要贸易国家，其评茶方法与我国鉴评茶方法基本相同，总的来说，国外感官鉴评对场所、环境条件、鉴评用具、取样方法、鉴评顺序、操作要求、鉴评项目及评判方法基本上与我国相同，依类别稍有差异。

1. 印度茶叶鉴评

印度茶叶评茶的主要流程是：选取需要开汤鉴评的茶叶→称取 2.5g 茶样→放入评茶杯→加 100ml 沸水→加盖计时 5min→倒入评茶碗→叶底置于杯盖上（待鉴评）→鉴评香气、滋味、叶底，再看干茶外形等。印度茶水比为 1∶40（2.5g 茶叶加 100ml 水），与中国 1∶50 相比，相同的茶叶用印度的方法获得的茶汤会略浓于中国方法，鉴评时汤色、香气、滋味的结果也会略微偏浓。

2. 斯里兰卡茶叶鉴评

斯里兰卡茶叶评茶的主要流程是：选取需要开汤鉴评的茶叶→称取 3g 茶样→放入评茶杯→加满沸水（150ml）→加盖计时 3min→过滤，茶汤倒入评茶碗→叶底置于杯盖上（待鉴评）→鉴评香气、滋味、叶底等。斯里兰卡茶水比是 1∶50，与中国相同，但时间是 4min，比中国的 5min 短，相同的茶叶用斯里兰卡的方法获得的茶汤略淡于中国方法，评汤色、香气、滋味的结果也可能会略微偏淡。

3. 肯尼亚茶叶鉴评

肯尼亚茶叶评茶的主要流程是：选取需要开汤鉴评的茶叶→称取 2g 茶样→放入评茶杯→加满沸水（150ml）→加盖计时 5min 或 6min→茶汤倒入评茶碗→叶底置于杯盖上（待鉴评）→鉴评香气、滋味、叶底等。肯尼亚茶水比为 1∶75，时间为 5min 或 6min，这样会导致相同的茶叶肯尼亚的方法获得的茶汤会淡于中国方法，鉴评时汤色、香气、滋味的结果也会略微偏淡。

各国的鉴评室在建设上所参考的标准基本一致，如：均建立在干燥、清静、周围无光线和异味干扰的地区，室内温湿度适宜、空气清新、无异味、安静、整洁、明亮。室内天花板、墙壁为白色或接近白色，地面为灰色。采光为可以满足要求的自然光，部分后期建立的审评室选用了人造光。所用评茶杯、碗的规格基本一致。

国外红茶的鉴评以香味尤其滋味的浓度、强度及鲜爽度和汤色的红艳、冷后浑为主要内容。审评用具中杯碗的容量一般为 250ml。各鉴评项目分数分配如表 6-1。

表 6-1　红茶鉴评项目分数分配表（以斯里兰卡为例）

得分	叶底	汤色	滋味		香气
			强度（收敛性和刺激性）	浓度、鲜爽度	
1	暗	非常淡	非常淡	很平和、淡	基本没香气
2	较暗	较淡	较淡	较平和	稍有香气

得分	叶底	汤色	滋　味		香气
			强度 （收敛性和刺激性）	浓度、鲜爽度	
3	稍暗	稍淡	稍淡	稍淡	有香气
4	红亮	尚可	尚可	尚浓尚鲜爽	香气尚显
5~6	较艳亮	较红亮	稍强	较浓较鲜爽	香气较明显
7~8	艳亮	红艳	强	浓、鲜爽	香高、爽
9~10	非常红艳明亮	十分红艳	很强	很浓、鲜爽	香气浓而爽

注：每个项目 10 分为最高分，总计 50 分为满分。

4. 日本茶叶鉴评

日本茶叶评茶主要流程是：选取需要开汤鉴评的茶叶→称取混匀的试样 3g 置于评茶杯中→将水烧至 100℃，降到 95℃时注入杯中→实际注水量为 120ml。茶水比 1∶40→加盖浸泡时间 4min，2min 到时搅拌一下，且只冲泡一次→将茶汤沥入评茶碗中后，开盖闻叶底香。滋味需过一段时间待温度低时再尝滋味。日本感官评茶时大部分茶叶都不评叶底，只有少数茶类要审评叶底，如碾茶和红茶。因为碾茶的叶底颜色有所加深而红茶能看清干茶时无法识别的色泽和发酵状况。日本评茶员鉴评香气带汤嗅叶底，根据来自茶汤与叶底的综合香气辨别茶叶香气的质量。

以鉴评蒸青绿茶为例，评茶时先看外形：色泽是否绿浓、润，形状是否紧结，身骨是否重实，嫩度（芽毫有无），匀净度如何等。

评内质：分别将 3g 茶样置于两个茶碗中，其中一个茶碗冲入开水 1~2min，茶叶泡开后即用茶匙或茶网捞出叶子嗅香气的高低、醇杂及特征，以有明显的海苔似的香和高爽的嫩香为好，而焙茶则以火工香为特征。另外一个茶碗冲入开水 5min 后，用茶网捞出茶渣于茶渣盘上，尝滋味的鲜爽度及醇厚度，看茶汤的明亮、清澄及绿色度等，看茶渣即叶底的色泽是否匀绿、明亮、嫩匀及净度，碾茶要将叶片全摊平，要求浓绿、色调匀一，抹茶冲泡后要求全部溶于水无颗粒及沉淀，色泽浓绿。各鉴评项目分数分配如表6-2。

表 6-2　日本鉴评项目分数分配表（以蒸青绿茶为例）

茶　名	外　形		内　质				总计
	形状	色泽	汤色	香气	滋味	叶底	
玉露	40	40	20	50	50		200
煎茶	40	40	20	50	50		200
碾茶（抹茶）	70	70	20	45	55	10	200
焙茶	40		20	50	50		200

一般也有以 100 分计，外形、内质的 5 个项目，每项 20 分，为满分。对照标准样若每个项目大于 1 7 分的则为优质品，16.5~14.0 分的则为良好品，是市场中的上等品，13.5 分~11.0 分的则为正常产品，也是市场中绝大多数供应品。若 10.5~8.0 分则为稍差的产品是市场中下等品，若小于 7.5 分则是差的产品。

（二）代表性国外茶的类别与品质特征

目前，世界上有超过 50 个国家和地区种植茶叶，但种植区域集中在亚洲、非洲和拉丁美洲。其中，中国、印度和斯里兰卡种植面积位居世界前三位，而茶叶自古以来一直作为贸易商品在各国之间进行贸易，虽然茶叶生产国家和地区仅有 50 多个，但参与全球茶叶贸易的国家和地区却多达 170 多个。在这 170 多个国家和地区中，肯尼亚、中国和斯里兰卡是世界前三大出口国。巴基斯坦、俄罗斯和美国是世界前三大进口国。其中，红茶是全球茶叶贸易的主要品类。其次是绿茶及少部分特种茶。国外红茶主产于印度、斯里兰卡、印度尼西亚及肯尼亚等国，绿茶和特种茶主要产在中国，还有日本、印尼等。

1. 红茶

世界茶叶消费以红茶为主，红茶年均贸易量超过 100 万吨，大约占世界总贸易量的 80% 以上。其中印度占世界出口茶的 14%，斯里兰卡为 21%，印度尼西亚为 8%，非洲红茶占 25%（其中肯尼亚红茶占非洲出口茶的 2/3）。

国外红茶以大叶种红碎茶为主，颗粒重实、乌润、滋味浓而刺激性强（又称浓、强、鲜），汤色红艳，常自带金黄色光圈，叶底肥嫩红匀，茶多酚、茶黄素及水浸出物含量高，发酵程度偏轻、多酚类保留量较高，一般在 55%~65%，适宜加糖、加奶饮用。红茶中以印度的大吉岭红茶、斯里兰卡的乌巴茶和中国的祁门红茶并列为世界三大名牌红茶，尤其是印度的高级大吉岭红茶品质最佳，具有极其特殊的高香，是世界上卖价最高、最畅销的极品红茶。

（1）种类

① 依加工方法可分为：

a. 分级红茶：即传统型红茶（又称洛托凡制法）产品规格有叶茶及碎茶二大类，香气较高，滋味较醇厚，汤色红亮。

b. 红碎茶：以 CTC 制法为主，其他还有 C.T.P 制法及不萎凋制法等，产品规格为碎茶及片末茶，色较浓、味较浓强，香气较低。

② 依产地区域可分为：

a. 印度茶：主要产区在印度的北部和南部，以印度北部的阿萨姆州产的阿萨姆红茶产量最多，约占印度红茶总产量的 50%。

北部产区主要有大吉岭红茶、阿萨姆红茶、康固拉红茶等。

（a）大吉岭红茶：在海拔 300~1800m 之间，依产地海拔的高度、季节、茶树品种及加工方法可分为以下三种：

高山茶：尤以独特而浓郁的香气而著名，称为大吉岭香，香气类型与中国最高级的祁门红茶、台湾红乌龙等馥郁的胡桃型香、玫瑰型香类似。在世界各类红茶香气化学组成的研究结果中，印度大吉岭红茶香气含量最高，而且与祁门红茶的化学组成比较相似。其中垅牛儿醇（玫瑰型香气主要成分）含量都较高。滋味浓厚、汤色红艳，是小叶种（中国种）原料，产在喜马拉雅山 1000~1800m 海拔的高山，在每年 4 月末至 5 月中旬，有小绿叶蝉危害时用醇传统制法，精心采制而成的高级红茶，产量很少，也是世界上最高级的极品红茶。在其他季节采制的红茶，虽也有类似的香气及品质、特征，但质量较低。

半高山茶：在海拔 1000m 以下的山地，是中国小叶种与印度阿萨姆大叶种的杂交种原料，采用传统的加工方法，品质比高山地带偏低，但产量较大。

低山茶园：在海拔 300~600m 的低山地区，是阿萨姆大叶种原料，采用传统的加工方法制成，产量较大，但品质较差，尤其是香气较低，但滋味、汤色较浓，一般与高山茶、半山茶拼配后，以大吉岭品牌出售。

（b）康固拉红茶：位于喜马拉雅山脉西端海拔在 800~2100m 的康固拉地区出产的康固拉红茶（又名喜马拉雅红茶），也是中国小叶种原料制成，具有与大吉岭红茶类似的香气和品质特征。

（c）阿萨姆红茶：是产在阿萨姆州海拔 50~120m 大平原水田地带，与水田相混的茶园及海拔 300~400m 丘地茶园，以阿萨姆大叶为原料，采用 CTC 法制成的红碎茶，外形金黄毫尖多、身骨重、汤色红浓、滋味浓，有强烈的刺激性，但因为是平地及低丘地茶园，潮湿多雨，因此香气很淡，不爽。多作为拼配茶原料。

南印度尼尔基里茶：有中印杂交种和阿萨姆大叶种两种，在高山地区干旱季节时可得到香气较浓与斯里兰卡红茶花香型香气相似，滋味爽而刺激性强的好茶。

b. 斯里兰卡红茶：基本上都是阿萨姆大叶种，用传统的洛托凡法制成，外形差异不明显，颗粒重实、芽尖多、色泽乌黑匀润、滋味浓强。因产地海拔不同香气差异较大，产在高海拔、旱季制成的，汤色红艳，多有金黄光圈，如著名的高级乌巴茶及汀布拉茶则具有愉悦的如铃兰花（君影草）新鲜花香般的高香，但产量不高，平地茶则香气较低，品质一般，因此大都是通过拼配、调剂品质而出售。

c. 印度尼西亚红茶：以阿萨姆大叶种，传统的洛托几制法为主，条形茶为主，外形美观，匀齐，色泽乌黑，汤色红艳，滋味浓厚而不涩，香气类型似斯里兰卡红茶，但比较低淡。虽然比印度早100多年就出产茶叶，主产地爪哇和斯马突拉岛高地也有一定的海拔高度，但因为湿度大，没有明显的旱季，所以没有世界闻名的高级红茶。近年也开始加工CTC红碎茶。

d. 肯尼亚红茶：基本上都是阿萨姆大叶种用CTC法制成的红碎茶，外形颗粒紧结重实、色泽乌润，香味浓强鲜爽，汤色红艳，加奶后，奶色红艳，口感好，主要用作袋泡茶及罐装红茶水的原料，品质优良已成为世界红碎茶的后起之秀。

e. 孟加拉红茶：是传统型制法的小叶种红茶，做工精细，叶小，色泽较黑，香味醇和，汤色深，属品质中等的分级红茶。主产区为雪尔赫脱和吉大港，以雪尔赫脱的品质较好，生产量较少。

f. 越南红茶：是传统型制法的大叶种（阿萨姆及中国云南大叶种）为主的红茶，外形匀整，香味浓烈，稍带糖香（火功较足），汤色红亮，有独特的风格。茶区分布很广，主产区为北方及南方的高原地带。

不丹、尼泊尔等国也有传统型制法的小叶种红茶，品质较好，但产量很少，基本内销。

而东非的红茶除肯尼亚之外，还有乌干达、坦桑尼亚、马拉维等，均用大叶种、CTC制法成红碎茶，品质中等。

（2）产品规格

① 叶茶类：按老嫩程度和色泽枯润分，不含碎片、末茶，通过不同孔径的紧门筛、平圆筛分为花橙黄白毫（FOP）、橙黄白毫（OP）、白毫（P）等花色。

FOP：为叶茶中最优质的花色，要求条索紧卷、匀齐、富含金黄色毫尖，色泽乌润、无梗杂，汤色红艳明亮，香高、滋味鲜、浓爽，有刺激性。

OP：条索紧直、匀齐，细嫩茎梗多，金黄色毫尖略显，色乌黑匀润，香味尚浓强，汤色红亮。

P：嫩梗为主，色乌久润，稍花杂，香味较平和，汤红明。

② 碎茶类：按颗粒粗细、轻重、老嫩程度、含毫有无和外形色泽枯润，通过平圆筛制取，不含片末茶，分为花碎橙黄白毫（FBOP）、碎橙黄白毫（BOP）、碎白毫（BP）等花色。

FBOP：颗粒紧结重实、匀齐，金毫芽显（含毫量20%～25%），色泽乌润，汤色红艳明亮，有金黄光圈，加奶后仍红润，香气鲜爽、滋味浓强，富刺激性，叶底嫩匀红亮，肥厚柔软。

BOP：颗粒紧结尚重实匀齐，色泽乌尚润，香味鲜爽浓强，汤色红亮，叶底尚嫩匀红明。

BP：颗粒粗大，显松，有短条嫩茎，色黑带清香味平正稍粗，汤色尚明，叶底较粗薄欠红匀。

③ 片茶类：按茶片老嫩、大小及轻重、色泽枯润及内质优次分，不含粉末，筛分而为：花碎橙黄白毫屑片 FBOPF、碎橙黄白毫屑片 BOPF、白毫屑片 PF、橙黄屑片 0F 及屑片 F 等花色。

④ 末茶类：主要按砂粒粗细、身骨轻重、色泽的枯润分，不含粉灰，有 Dl 及 D2 等。国际上通用的各类型花色名称。

2. 绿茶

国外的绿茶，主产于日本、印度尼西亚、越南等国家，以日本式的蒸青和大叶种炒青为主。

（1）种类

① 日本式的蒸青，以无性系的小叶种为主，用蒸汽杀青加工而成，具有干茶、汤色、叶底都翠绿、滋味鲜爽，有海苔似的香气等特殊风味的特点。

依加工方法及原料主要可分为：

玉露：是日本蒸青绿茶中的高级茶，主产于京都、福冈等地，茶园要覆盖遮光，一年只采一次，手工采摘 1 芽 2 叶的鲜叶→蒸汽杀青→摊晾→揉捻→烘干→精制→成品。

碾茶：茶园要覆盖遮光，手工采摘，芽叶要长得基本全展开→鲜叶→筛分成均一的叶片→蒸汽杀青→风力冷却散开叶片→烘干→主要作抹茶原料。

抹茶：碾茶→拣剔→切断→风选→筛分→烘干→粉碎（加工过程中要适当加温 20～50℃）。

煎茶：露天茶园，机采 1 芽 2 叶→蒸汽杀青→摊晾→热风粗揉→室温揉捻→稍加温揉捻→加热精揉→烘干→毛茶→精制→成品。

焙茶：夏茶或煎茶的低档毛茶原料→180℃高温烘焙至有一定的火工香的茶。

② 大叶种炒青：以阿萨姆大叶种为原料以中国式的炒青方法加工而成，主产于印度尼西亚、越南等国。在印度尼西亚有相当部分是作为花茶的原料及出口茶，并根据出口国的消费特点做成长炒青或珠茶式圆炒青，也有部分作为罐装茶水的原料或袋泡茶。

③ 小叶种炒青：主要在中国周边的一些国家（含印度尼西亚、越南），以自产自销为主，数量较少。

（2）产品规格

玉露：外形如松针形细长、平滑、紧结，色泽乌润油绿，稍显毫，汤色绿而清澄，香高似海苔式的香型，滋味鲜甘而醇厚，叶底嫩匀、绿亮；

碾茶：薄单片叶、色泽浓绿、汤色绿亮、滋味鲜甘醇和，香气香而似海苔香，叶底软而匀嫩，鲜绿；

抹茶：粉末状，色泽浓绿，香气高而似海苔香，滋味鲜甘、浓厚，汤色绿而透明，显气泡，作为日本茶道用的主要原料；

煎茶：外形扁片细长状，乌润绿，略有淡绿呈白色的细梗，下段略有碎片及末，汤色黄绿、稍浑浊，香气似海苔香，滋味鲜而醇，叶底较嫩、尚绿，有嫩梗及片末；

焙茶：外形为条形细长片状，有较多的细梗及碎片。色泽黄绿带淡褐、香气为高火工香、滋味醇而爽口，汤色橙黄，稍有沉淀、叶底嫩茎及片多、色褐黄、花杂。

（3）特种茶花茶

花茶主要是以绿茶为原料再加工形成的特色品类。国外的花茶主要有印度尼西亚的茉莉花茶和法国、英国、俄罗斯等的加香茶，还有越南的莲茶等。

① 花香茶

a. 印度尼西亚花茶：大叶种炒青绿茶经再次高温焙火（为减轻苦涩味），冷却后喷水，拼入茉莉花与秀英花（J. officinale var. gramdifcorum L.）的混合花基本上按我国茉莉花茶的加工方法进行，窨花、通花、起花、烘干→拼配→成品。是印度尼西亚主要的内销茶及茶饮料的原料。

b. 越南莲茶：分为以下两种

一种方法是用小叶种高级炒青绿茶为原料，在莲花盛开的季节，早晨太阳上升之前，用手轻轻将半开或含苞欲放的莲花稍使张开，将茶叶塞入莲花中心，然后再用细麻绳轻轻将花扎紧，固定到第二天早上，去掉麻绳，取出茶叶放在纸上，带纸焙干然后再用新莲花着香，同样放在纸上焙干保存，成为一种有特殊香气的高级花茶。

另外一种方法是将成熟的莲花中的花粉取出与白毫茶（小叶种茶的嫩芽，用炒青绿茶方法加工成富含白毫）拼和堆积，在室温下静置 36~48min，然后筛去花粉，经过 12~18min 的低温慢烘，达到干燥要求。一般一公斤茶需要 600 朵莲花的花粉，是很高价的花茶。

② 加香茶：一般是以红茶为原料，而且多在非产茶国加工。如法国、英国等欧洲消费国家生产，俄罗斯也生产加香茶，香料有天然香料、人工合成香料及混合香料等。天然香料主要有玫瑰花、柑橘类的果皮、葡萄干、桂皮、食用香辛料或香草、薄荷叶等；人工合成香料有苹果、草莓、樱桃、香蕉、柠檬香精等；混合香料主要是多种香料混合而成。一般作为加香茶的红茶多为香气淡薄或较差的中低档茶。

印度尼西亚茉莉花茶：外形为大叶种炒青绿茶的粗壮条形，但色泽较暗褐，香气为秀英花与茉莉花混合的风味并有浓烈的焙火香，与中国茉莉花茶的香型截然不同，滋味浓强而厚，汤色橙色，叶底条状、色暗较花杂。

越南莲花茶：外形为中小叶种显毫的条形紧细的炒青，色泽乌润，香气清长悠雅，滋味醇和爽口，汤色黄亮，叶底嫩匀黄绿。

着香茶：品质基本上以所用的红茶品质特征而定，而香气则以所用的着香原料而定。

二、其他茶叶品质鉴评

（一）花茶品质鉴评

1. 花茶鉴评方法

拣除茶样中的花瓣、花萼、花蒂等花类杂物，称取有代表性的茶样 3.0g，置于 150ml 精制茶评茶杯中，注满沸水，加盖浸泡 3min，按冲泡次序依次等速将茶汤沥入评茶碗中，鉴评汤色、香气（鲜灵度和醇度）、滋味；第二次冲泡 5min，沥出茶汤，依次鉴评汤色、香气（浓度和持久性）、滋味、叶底。结合两次冲泡综合鉴评。花茶的鉴评也分外形和内质两个方面。

（1）外形鉴评

外形的鉴评方法与红、绿茶的鉴评相同，即：各级花茶成品的外形，必须对照统一茶坯级型标准样，进行实物评比，分老嫩、松紧、整碎、净度四个因子。

（2）内质鉴评

花茶的内质评茶方法是先在茶样中称取两份，每份茶样净重 3g（样中如有花枝、花瓣、花蒂、花蕊等，一定要拣去）。第一份样茶只供鉴评香气（鲜灵度、浓度、醇度）用。第二份样茶专供鉴评汤色、滋味、叶底用。

鉴评花茶以香气为重点，如以百分比表示，外形占 20%，汤色占 5%，香气占 35%，滋味占 30%，叶底占 10%，汤色作为评定叶底时参考。鉴评香气是将称取的第一份样茶 3g 放入 150ml 的鉴评杯中，用开水冲泡 3min，倒出茶汤后，先嗅评茶杯内香气的鲜灵度，然后再冲泡 5min，闻香气的深度和醇度（三者的比例是鲜灵度和浓度各占香气的 40%，醇度占 20%）。第二份样茶以一次冲泡 5min，倒出茶汤后，鉴评汤色、滋味和叶底。

2. 花茶品质特征

花茶是一种再加工茶，由毛茶经加工成茶坯后再用含苞待放的鲜花窨制而成。根据窨花时所用香花不同，有茉莉花茶、白兰花茶、珠兰花茶、玫瑰花茶、玳玳花茶、桂花茶等。故有"茶引花香以益香味"的说法。花茶既具有素茶的醇正茶味，又有鲜花之馥郁香气，具有独特风格，深受国内外消费者的欢迎。

花茶品质要求是花香鲜浓、持久、醇正，并且不损茶坯本身的香味，香气清锐芬芳，不闷不浊，滋味醇和鲜美不苦不涩。

花茶窨制因所用的鲜花不同，品质特点也不同。外形和叶底，与各级茶坯基本相同。色泽比茶坯稍黄，主要是香味不同。对花茶的香气，以三项质量指标衡量：鲜灵度、浓度和醇度。其中以鲜灵度和浓度为主，鲜灵度指愉快的鲜花香和调和香；浓度以耐泡程度、持久性、强度为依据。上乘的花茶品质，应具有如下特征：花香浓鲜、持久、醇正；茶、花香气调和，清锐芬芳，不闷不浊；茶汤滋味醇厚鲜爽，不苦不涩。不过花茶依窨花所用的香花种类不同，其品质特征也是不一样的：如白兰花茶的浓厚强烈，茉莉花茶的鲜灵芬芳，珠兰花茶的清雅鲜爽，玫瑰红茶的香甜鲜醇，玳玳花茶的香气高浓，桂花花茶的清香幽长等。用烘青绿茶窨制的茉莉花茶是我国主要的花茶。各级茉莉烘青的香气特征如表6-3。

表 6-3　各级茉莉烘青香气特征

等级＼滋味	鲜灵度	浓度	醇度
一级	鲜灵	浓厚清高	醇正
二级	鲜尚灵	浓厚尚高	醇正
三级	尚灵	浓	尚醇正
四级	尚鲜	尚浓	尚醇
五级	鲜稍薄	略低	欠醇
六级	鲜薄	较弱	不醇

外销茉莉烘青作为特种茶出口，是我国茶叶出口的传统品种，远销俄罗斯、欧盟、日本、美国以及东南亚一些国家，在国际市场上的口碑一直非常良好。其出口对品质要求较严格，必须符合对外贸易局批准的各级标准茶样。不得有异气和霉烂变质叶，或夹带有害杂质。各级外销茉莉烘青的品质要求如表6-4、6-5。

表 6-4　各级茉莉烘青与茶坯滋味的比较

等级＼滋味	茶　坯	茉莉烘青
一级	鲜醇	浓醇鲜爽
二级	鲜醇	醇厚鲜爽
三级	醇厚	醇和鲜浓
四级	醇和	尚鲜浓

续表

等级＼滋味	茶　坯	茉莉烘青
五级	稍淡　略粗	稍淡略苦涩
六级	粗涩	粗、苦涩

表 6-5　各级外销茉莉烘青品质要求

品质级别	外　形					内　质			
	色泽	嫩度	条索	匀正度	净度	香气	滋味	汤色	叶底
一级	绿油润	毫锋显	细结平伏而直	匀正	无幼梗及片粒	鲜灵浓厚	浓醇鲜甜	清澈淡黄明亮	幼嫩柔软匀亮
二级	绿润	露毫锋	紧结平伏而直	匀正	有个别幼梗无片粒	鲜灵浓厚	醇厚鲜浓	黄明亮	幼嫩匀亮
三级	调和	稍露锋毫	紧结平伏	匀正	有个别幼梗及黄片	鲜浓相称	醇和鲜爽	黄尚明	尚幼嫩尚匀亮
四级	尚匀	微带锋苗	尚紧结平伏	尚匀正	略有幼梗及黄叶片	鲜浓正常	尚鲜爽	黄而不深	尚嫩略露筋柄、尚匀亮
五级	稍花	无锋苗	粗壮尚平伏	尚正	略有软梗黄叶片及碎粒	尚鲜略浓	稍粗带涩尚鲜透素	黄稍深	较粗老、略暗、欠匀
六级	花杂		松扁较轻飘尚平伏	长短一致略碎	夹杂细梗朴片	鲜薄香弱	粗涩鲜淡	深黄稍暗	粗老叶张薄而不匀、较暗稍花杂

（二）粉茶品质鉴评

取 0.6g 茶样，直接倒置于 240ml 的评茶碗中，用 150ml 的鉴评杯注入 150ml 的沸水，计时 3min 同时用茶筅进行搅拌均匀，再依次评比粉茶的汤色、香气及滋味，综合对品质进行评定。

（三）袋泡茶品质鉴评

取袋泡茶放置于 150ml 的评茶杯中，注满沸水，再加盖浸泡 3min，后打开鉴评杯盖子，上下提袋泡茶两次，两次间隔 1min，提袋泡茶后重新盖上鉴评杯盖，5min 后沥出茶汤，依次鉴评汤色、香气、滋味与叶底。其中叶底主要是鉴评袋泡茶冲泡后叶底的完整性。

课后复习题

1. 国外代表性茶类包括哪些？

2. 花茶的品质鉴评要点包括哪些？

3. 粉茶的品质鉴评要点包括哪些？

4. 袋泡茶的品质鉴评要点包括哪些？

项目七

商品茶品质鉴别

知识目标

（1）掌握茶类的品评技术及与茶叶储存的关系。

（2）了解市场流行茶类的鉴评技术。

（3）掌握茶叶等级鉴别要点。

技能目标

（1）具备鉴评不同等级茶叶的技能。

（2）具备判别不同储存环境对茶叶品质影响的技能。

（3）具备根据茶叶优缺点进行适当茶叶拼配的技能。

一、茶类的品评与鉴别

在进行货物交易等活动中，商品茶的交易更加频繁，在购货与品质鉴别时，特别是商品茶的交易，对交易茶样依据标准进行详细考评，尤为重要。对商品茶的考评一般通过"三看一嗅一闻一尝"，即看外形、看色泽、看杂质、嗅香气、闻味道、尝滋味等举措对商品茶进行品质与等级进行鉴评，商品茶的品质与等级与价格密切相关。

1. 看外形

我国地域辽阔，茶树品类众多，各种茶叶的外形因其茶树品种、栽培条件、制作工艺等不同而略有差别。大体上，我国茶叶的形状包括条形、片形、圆形、扁形、针形、尖形、束形、卷曲形、花朵形、颗粒形、雀舌形、环钩形、团块形、螺钉形及粉末形等，在对商品茶进行交易过程中，对商品茶的外形进行辨别，可以从茶叶的外形判断茶叶的品质，茶叶的好坏与茶叶采摘的鲜叶密不可分，也与制茶工艺相关。例如，品质佳的珠茶，颗粒圆紧而均匀；品质佳的"毛峰茶"芽毫多、芽锋露；品质佳的工夫红茶索紧齐；品质佳的红碎茶颗粒整齐等。如条索松散、颗粒松泡、身骨轻飘、叶表粗糙等的外形茶叶则往往难以进入优质茶之列。

2. 看色泽

色泽包括外形的色泽与茶汤的色泽，色泽同时包含两个因素，一个是颜色，一个是光泽，一般要外形与汤色色泽均达到标准才算是好茶，要注意不同茶类有不同的色泽特征。比如绿茶中的蒸青应当呈翠绿色，烘青应当呈深绿色，炒青应当呈黄绿色。如果绿茶色泽深褐、灰暗、枯黄，则品质较差，优质绿茶的汤色应叶浅绿或黄绿，清澈明亮；若为暗黄或浑浊不清，也是品质较差。至于红茶一般应乌黑油润，采摘嫩度较高的带毫红茶也往往要求满披金毫，汤红艳明亮或红亮，有些上品工夫红茶，在茶汤中形成一圈黄色的油环，附在杯壁，俗称"金圈"；若汤色浑浊不清，则被视为品质欠佳。而乌龙茶则以色泽青褐光润为佳。看色泽，目的在于从茶叶外形色泽及茶汤色泽方面分辨茶叶类型及茶叶品质的优劣。综上所述，制成绿茶、黄茶、红茶、乌龙茶（青茶）、白茶、黑茶等各种不同类型的茶叶，均是茶叶加工工艺的不同造成茶叶氧化程度的不同而形成的，不同茶类对色泽有不同的要求，看色泽也是辨别茶叶类别的有效途径之一，一般认为当年出产的高档茶叶具有一定的光泽，色泽有别于陈年茶。

3. 看杂质

看杂质即分辨商品茶中的醇度，茶叶是以茶树叶子为主要饮品的商品，茶叶交易过程中，如夹杂了茶类夹杂物包括茶籽、茶梗等或非茶类夹杂物包括树叶、草茎、头发等均属于加工欠缺的商品茶。比如，绿茶中含有较多的红梗红叶，则是品质差的绿茶，其他茶类同理。看杂质也是分辨商品茶品质优次的重要途径之一。

4. 嗅香气

嗅茶叶的香气也是辨别茶品的方式之一。一般认为，绿茶清新鲜爽，红茶强烈醇正，乌龙茶馥郁清幽，花茶清香扑鼻，如果茶香低而沉，或带焦、烟气等，则认为品质欠佳。根据科学研究，人们发现构成茶叶的多种成分主要是醇类、脂类、醛类等，这些化学成分在茶叶储藏过程中不断变化、不断氧化，造成了陈年茶叶的香气由高变低，香型类型也由新茶时的清香馥郁变得低闷混浊。一般绿茶有清香、兰花香、板栗香等；红茶有清香、甜香、花香等；乌龙茶有花香、果香、蜜香等；苦丁茶香气自然流露；花茶则以花香浓香为主要特征。香气低沉则品质欠佳，有陈气的茶被视为陈茶，而茶叶香气中出现霉气等异味的则是变质的商品茶。

5. 闻味道

对茶品味道进行判别，主要判别商品茶味道馥郁、高长、醇正程度，如茶叶中染有烟、焦、馊、酸、日晒味、陈霉味及其他异杂味，则不符合食品卫生标准要求，市场称为劣质茶。污染程度较轻者或经过采取相应的技术措施处理后，能得到改善的，市场称为次品茶。

茶叶中的烟焦味指在制作中受到污染后形成的不属于该茶品原有的味道类型，烟焦味较轻滋味中体现不明显；热闻时有而冷闻时则不明显，则该商品被可以被定为次品茶。若香气滋味中均带有的烟焦味，热闻冷闻均嗅出，长时存放或复火烘焙均难以去除的商品茶，则可以被定为劣质茶。

如果茶叶产生酸馊味，可能是鲜叶摊放不当；或青叶、发酵叶堆放时间过长、过厚；堆放叶温过高，使半成品变质造成的。酸馊味较轻或经过复火等措施处理后能改善的可以被定为次品茶。而酸馊味严重，经处理后无法改善或冷闻、热闻均严重的商品茶，则可以被定为劣质茶。

如果商品茶中出现严重的日晒味，多是因制作时用日晒代替烘干或成品茶放置于高温暴晒的场所而造成的。如果热闻的日晒味稍明显，而冷闻时不明显的，该茶可被定为次品茶，若冷热时品尝均能感觉到日晒味明显的茶叶，可被定为劣质茶。

最后还需要考虑茶叶是否发生霉变味与是否产生陈霉味等，陈霉味产生的原因，主要是空气中湿度高、储藏不严密导致漏气等引起的一些霉变或者陈化。如商品茶茶香稍淡，带有陈味，但程度不重的商品茶，可以被定为次品茶，可以用复火方法改善。若霉变程度严重者会导致茶叶的色泽变为枯暗等，外形结块，条索松软，霉斑生长，即使在复火后陈霉味依然浓烈的茶叶被定为劣质茶。

6. 尝滋味

滋味是商品茶直接的价值体现，滋味好坏与消费者的消费意向息息相关，对茶叶滋味的鉴评同样是鉴别商品茶品质好坏与等级高低的有效途径之一。如绿茶鲜爽甘醇；白茶味鲜毫香；红茶醇厚回甜；乌龙茶类特殊花果蜜香，浓醇回甘；黑茶类醇正陈香，滋味醇厚等均属于正常茶叶品质。

二、再加工茶鉴别

绿茶、青茶、黄茶、白茶可以再加工成再加工茶类，主要包括花茶、紧压茶、速溶茶、罐装茶、药用保健茶等。

花茶主要是用绿茶中的烘青绿茶和香花窨制而成的，主要产区包括福建福州、浙江金华、四川成都、江苏苏州、安徽歙县等地。市场产品包括茉莉花茶、柚子花茶、玫瑰花茶、玉兰花茶、珠兰花茶等品种。

紧压茶是以红茶、绿茶、黑茶的毛茶为原料，蒸压成型而制成。如传统米砖用红碎茶压制而成，市场产品中普洱茶、沱茶、青砖茶等是常见的紧压茶。

速溶茶即采用沸水提取或萃取等工艺将茶叶中的可溶成分提取，再滤去茶渣，浓缩茶汁而制成，速溶茶一般以溶解后汤色澄清为佳。罐装茶是将茶汤加入适量抗氧化剂后，装罐或装瓶，密封杀菌而制成，灌装茶一般以保质期内储存无沉淀与浑浊现象为佳。而保健茶是指用茶叶与某些中草药拼合后制成的功能性饮品，功能性饮品等对食品标准及相关标准的执行要求更加严格。

三、茶叶的等级鉴别

茶叶品质等级的鉴别在商品茶流通中尤为重要，对商品茶的等级做出准确的评定及鉴别，则需要长时间的实践及经验的积累，并对茶叶的等级等相关方面知识进行系统掌握及运用。茶叶的等级鉴评主要体现于干评和湿评两个方面。

（一）干评

干看必须闻其香，观其色，摸其形。茶叶伴有清香、栗香、甜香和花香的为上等真茶，而香气不醇正或带异杂味的为品质较差的茶叶。茶叶色泽方面，好的色泽表现为有油润感，品质鲜活；而色泽暗淡，呈现干枯色者品质较差，等级往往较低。商品茶正常色泽表现为绿茶嫩绿、翠绿、墨绿、黄绿等；红茶乌润等；乌龙茶褐绿、砂绿、乌褐等。叶色混杂、不调和的则等级较低。

等级判别时还需要注意外形特征，条形茶的特征可以用条索检验，其他商品也可以根据条索的评判作为参照依据。条索指的是茶叶的外形，即茶叶的大小、粗细、长短、轻重等。制茶鲜叶原料的老嫩以及制茶人员的技术水平高低，往往反映于茶叶外形，可以从外形检验出茶叶等级的高低及品质的好坏，条索细紧、颗粒圆紧的茶叶则表明制茶鲜叶较嫩，此类茶叶等级较高；外形粗松、颗粒松散的茶叶则表明制茶鲜叶较老或制茶工艺不足。茶叶等级的高低还可以通过商品茶的整碎程度，即上中下各段茶比例匀称程度进行整体评判。

（二）湿评

湿看就是采取开汤鉴评法，从茶汤、滋味、汤色和叶底进行鉴评，商品茶的内质鉴评参考各类茶叶鉴评方法。

这里所说的汤色是指茶汤通过沸水浸泡后溶液所呈现的颜色，可以通过目视进行鉴评茶品等级高低，等级高的茶叶，汤色明亮，等级低的茶叶，汤色则较暗。亮是指入射光线通过茶汤层，光线被茶汤吸收的程度不同，而反射出来的部分较多，暗则反之。茶汤"明亮"即茶汤的"亮度"，一般茶汤颜色及明亮程度会随温度下降而变化，尤其是红茶冷却后还会出现浑浊的"冷后浑"，是很普遍的现象。同时，茶树品种、原料老嫩、生长环境、加工条件、茶叶新陈及加工方法会在一定程度上影响茶汤的性质、深浅、明暗和清浊等特性，以上特性同样是评判茶叶等级高低的依据。

商品茶等级高低还有一重要评比指标，那便是滋味的鉴评，可根据其浓淡、鲜滞、强弱、爽涩、苦甜及醇异等来评定等级高低。滋味的差异主要表现在等级高的绿茶初尝有苦涩咸，回味浓醇，舌生津；等级低的淡而无味，甚至涩口、麻舌；高级红茶滋味浓厚、强烈、鲜爽；低级红茶则平淡无味等。

鉴评叶底是是评茶必不可少的程序之一，开汤后的茶渣称为叶底，叶底的老嫩、色泽、匀杂、整碎关系到茶品的品质高低。开汤后的叶底倒入叶底盘中，拌匀、铺开、揿平，主要鉴评其嫩度、匀度和色泽等，判断其等级高低。叶底的嫩度体现在叶张的软硬程度上，同时芽头和嫩叶含量还可以通过目测完成，必要时还可以将叶底漂在水中观测其品性。也可以将茶叶冲泡1~2次，待叶底全部展开时，倒去茶汤，用冷水将叶底漂在白瓷盘中，然后观察叶底状况，一般开展后的茶叶基部呈三角形，叶缘锯齿显著，近基部锯齿渐稀，呈网状叶脉，主脉明显，支脉不直射边缘，在2/3处向上弯，与上一支脉连接呈波浪形态，芽和嫩叶的背面有银白色茸毛，嫩茎呈圆柱形等特征。

四、茶叶的储存包装鉴别

（一）茶叶的陈放与储存

茶叶的陈放，是指力求将茶叶变得更加醇和而对茶叶进行长时间的储存。一般认为陈放一年的茶叶能够有效降低茶的青味与寒性。一些常见的绿茶或不经过焙火的茶品往往要采取这种陈放的方式来提高茶叶的品质，同时，在陈放过程中，对环境的干燥度要求是比较严格的。至于陈放三五年以上的茶叶，一般被视为中期陈放茶的范畴，这个时期的茶叶还处于转化阶段，通过适度的储藏可以有效改善茶叶的品质，较适合用于轻火焙制的茶品。至于陈放十年甚至二十年以上的茶品，应当属于长期陈放之列，主要是完全彻底地固化了茶叶的品格和风味，有着老茶独特的风味，基本上适用于轻火以上焙制的茶叶或者一些后发酵茶之类的茶品。

（二）茶叶包装

茶叶较强的吸附性和陈化性，导致储存过程中的茶叶非常容易吸收异味和陈化，其品质受储存环境中的水分、温度、光线等影响，为保障茶品的正常风味，储存过程中的茶叶包装同样十分讲究。

红、绿、黄、白乌龙茶通常在低温、避光、无氧储藏。一般茶叶多用金属及复合材料充氮包装，主要是最大限度保障从加工后到饮用前处于干燥、低温、密封的环境里，保障最初茶叶的色香味特征，从而保持品质。包装与茶叶品质息息相关，贮藏包装条件越好，茶叶品质保持时间越长。

在茶叶包装中，最简便的方法是使用容器：双层盖的铁皮罐、密封罐、各种无异味不透光的密封器具。在中国古代，茶叶的储藏已经十分讲究，蜀地所产的苍松，经常"储于陶瓶，以防暑湿"；唐、宋时储藏茶叶的瓶子，典型的为鼓腹平底的器型；而到了明代，随着茶叶外形的转变，散茶的出现，所置放的瓶子也更加讲究了，需先把陶缸洗干净，然后放在火上烘干，在陶缸底先放上几层事先编制的箬叶，再将烘干的茶叶置放其上，再将箬叶盖上，用宣纸折叠六七层后，将缸口扎紧，上面再盖厚木板。纵观古代茶叶储存包装演变，虽十分保险，但整体而言，简便性较差。

现代家庭茶叶包装储藏中，常用低温保持法保存茶叶，低温（5℃左右）较好，如果是散装茶或者袋装茶，数量少且较干燥，也可用防潮性能好的食品级铝塑复合袋包装密封好后放于冰箱中储存，至少可保存半年而不变质。大塑料袋是企业生产过程半成品周转时常用的包装材料，性能优异，价格不高，使用携带方便，较为简便、经济实用。家庭储存茶叶选取的包装材料严禁使用有毒的材料，不要有漏孔或者裂缝的材料，同时注意结实厚重，不容易破损。短时间内不饮用的茶叶，选用有密封口的铝塑或铝纸复合袋暂存，为减少香气散失和提高防潮性能，放置于阴凉干燥处。

在厂家生产的茶叶中，包装形式更是多种多样，一般销售茶叶商品，多为印制精美、造型美观的纸盒、瓷瓶或铁铝质罐为主的包装材料，同时根据商品的储存要求条件的不同选择适宜的包装。传统茶叶工场中的成品按销路不同，分为内销茶包装、外销茶包装等；从包装的组成部分上分有内包装、外包装；从技术上分为真空包装、除氧包装、无菌包装等。但从总体上看，一般有运输包装和销售包装两种，各有区别。运输包装就是人们所说的大包装，是在茶叶储运中使用的。箱装、袋装、篓装等是经常采用的方式，运输时可用塑料薄膜裹扎，或集装箱装运等。一般将茶叶成品码放于木板箱、胶合板箱、木板箱、竹篓、竹筐等。出口茶叶放于专用的大包袋、包角铁皮箱等。

（三）茶叶仓储的要求

茶叶产品多贮存于常温下的仓库中，茶叶仓储须做到清洁卫生、阴凉干燥、避光等，仓库方位上长以东西向，宽以南北向为好，地势就高避低，如有多个仓库相连，仓库与仓库之间可建造天棚为装卸茶叶提供便利。茶叶仓库周围须有绿化，无异味产生，周围排水畅通，并保持环境清洁。仓库附近避免水汽，杜绝有毒气体、液体排放。为便于随时检测还需在垫仓板装配温湿度计及排湿装置。

茶叶储藏对仓储保管有如下要求，货垛应分等级、分批次进行堆放，填写卡片（牌卡），注明品名、重量、数量和进仓日期。堆放应与地面相距应不低于150mm，与墙相距应大于200mm，中间留出通道，便于取装货品。货品进出仓应轻装轻卸，发现包装破损需及时更换与修整，包装受潮的茶叶需另行存放，及时处理。茶叶储藏期间需定时检查和记录仓库内的温、湿度。保持相对湿度在60%以下为佳，同时做好防虫、防鼠工作，要定期进行清扫保持清洁。茶叶应专库专储，不得与其他物品杂乱储存。在运输过程中，运输工具同样须按相关卫生标准来进行清洁及适当消毒。有条件的也可以将已经包装好的茶叶堆放于0~10℃的空间进行低温冷藏，最大限度保持其色、香、味等新茶标准。低温储存是茶叶仓储较好的方式，茶叶店、茶楼、茶馆和家庭广泛采用冰箱、冷藏室等设备进行茶叶存储。采用冷库或冰箱储存茶叶，茶叶应盛装在密闭的容器内，避免与其他有异味的物品存放一起而串味。

（四）茶叶仓储的要点

1. 分区分类

茶叶经营过程中，货到店时应及时入库，做到账库件数、品种统一；同时做到分区、分类存放，便于及时取货存货，专门存放货品的专区大小视经营规模大小而定。所谓"分区、分类"存放，主要是根据储存茶叶的自然属性和仓库的设备条件而定的，通常做法便是将茶叶分为若干类，将茶叶储藏仓库划分为若干区，每区又分为若干货位，并按次序编号，各类茶叶品种"对号入座"，分门别类予以存放，便于管理。分区分类同样有利于茶叶的流通，可以按照编码表示号固定地点、位置，对号入座，易于查找，存取方便，可以加快出入库时间，便于检查和养护，提高工作效率。

2. 定时管理

仓库茶叶管理宜"四勤三细"。勤指的是包括勤观察、勤检查、勤整理、勤养护；细指的是茶叶检查细、入库手续细、单据核对细。勤观察，看有无异常或不安全因素；勤检查，特别是检查茶叶的数量、质量有无差错与变化；勤整理，即要做到茶品堆放合理有条不紊，时常整理；勤养护，根据茶品性质进行科学的养护。至于细，指的是出入库茶叶检查要细，特别是货品数量品种等；核对入库手续检查细，发现有问题的茶叶货品，需要与相关责任部门共同检查；单据核对细，茶品出仓遵照核单—记账—配货—装箱—特运—复核—出库等的规程执行。

3. 防止虫害

虫害的后果会导致储藏茶叶发生变质，不利于销售。"仓虫"是库存茶品安全的常见隐患，其不仅影响茶叶的品质，还污染周围环境，其中仓虫属于农业害虫。但茶叶仓库中严禁使用药物灭虫，如存储过程发现虫害，可通过人为的高低温加以抑制，但平常还是需要勤于管理与维护，勤于打扫，堵塞漏洞，保持相对封闭，减少虫害产生的条件。

4. 严防霉变

茶叶最大的危害就是霉变，它容易导致巨大的损失。"霉变"是茶叶货品因受潮或受微生物侵害而霉腐变质。在仓储茶叶时，最容易受到微生物包括细菌、酵母菌、霉菌等及水汽的危害，在一定的条件下，微生物迅速滋生、繁殖。水分、温度、光线、养料、浓度、空气成分等，是茶叶发生霉变的主要原因。霉变是自然产生的，由局部而全面，由轻到重。防止茶叶霉变，在于及早防治，及早发现。储存过程中需时常检查茶叶的温度，看是否有发热现象；检查茶叶水分，是否有超过安全标准；检查霉变现象，看是否有生霉斑等。一旦发现茶品霉变，应及时清理，改进储茶条件并将损失减少到最低限度。

（五）注意事项

不管是用以陈放还是一般的茶叶保管，都力求保持茶叶的天然风味，避免茶叶陈化变质生，所以茶叶陈放和储存过程中需注意以下几点：

1. 水分调节

因为水分子能够与茶叶中的有效化学成分发生反应，存储过程水分太多会导致茶叶不同程度产生霉变，一般茶叶保存时含水量控制在3%之内。科学研究表明，假如茶叶含水量在6%以上，茶叶的变质迅速明显加快。如一些绿茶因含水量的增加，一些芳香物质等随着水分而浸出，大大削弱了绿茶的优异特征。同样，红茶随着水分的增加，一些茶黄素、茶红素以及茶多酚等物质，也随着水分的浸出而逸出，这些化学成分的变化极大地影响了茶叶的品质。所以，在茶叶储存的时候，茶叶的含水量控制在6%之内。

2. 避免吸收异味

茶叶具有活性成分，所以很容易吸收其他物质的成分，导致茶品风味发生改变，品质降低，所以，茶叶不能与一些散发着浓烈味道的物品如烟草、油脂、樟脑丸等物件一同存放，否则容易产生污染，影响了茶叶的品质，严重时使茶叶失去价值。

3. 避免高温

不要将茶叶放在高温之下，高温的环境能使茶叶的氧化程度加剧。茶叶的变质会随着水汽和温度的升高而加速。所以低温冷藏是储存茶叶的最好方式，低温可以降低茶叶氧化的程度，能更好地保持茶叶的有效成分。最好把茶叶储存于-5℃，或者将茶叶放在10℃左右的环境中也是可以的。

4. 避免光照

在储存茶叶的时候，避免光照，如果光线直接照射，茶叶中的活性成分氧化会加剧。茶叶色素受到氧化后，失去茶叶的本色，通过光化反应，形成了一种怪味，那就是通常说的一种"日晒味"，这种味道破坏了茶叶的品质。有些人将一些茶叶放在阳光底下暴晒，以为这样可以将茶叶中的潮湿之气逼出，其实这种做法是极其错误的，结果会导致茶叶的滋味变得苦涩，用来泡茶，导致茶汤变红。另外也会出现一些鱼腥味，使绿茶本质的风味和清香消失殆尽，降低了茶叶的品质。所以，在遇到茶叶受潮时，可以放在锅中烘干或者焙干。要将火温调节在40℃上下，边烘干边翻动茶叶，在烘到只要轻捻就可以将茶叶捻成粉末，就可以用来密封和存放了。

五、拼配茶品质鉴评技术运用

茶叶拼配是精制茶加工中的最后一道工序，各茶类品质要求不同，拼配技术与方法有所不同。茶叶拼配是通过对各类半成品茶品质的调剂，充分发挥茶叶原料的经济价值，保证成品茶的品质和经济价值，从而提高茶叶生产者和经营者的经济效益。一般大宗茶等的拼配技术与名优茶相比较等，尤其是传统出口茶的拼配。下面主要探讨大宗茶的拼配技术与相关拼配茶品质鉴评技术，项目内容同样适用于其他茶类。

（一）茶叶拼配的目的和要求

在传统大宗茶的精制加工工艺中，毛茶必须经过筛分、轧切、风选、拣剔和干燥等精制工艺的处理，才能分出各种大小、长短、粗细和轻重不同的筛号茶，通常我们称它为半成品茶，这些筛号茶或半成品茶经拼配后，即成为各级成品茶。拼配以"质量第一"为方针，在保障产品符合标准、质量稳定、具有最大经济效益等的原则下，采用扬长避短、高低平衡思路，根据成品茶的质量要求，选取一定比例和数量的半成品筛号茶进行拼合匀堆，最终使各不同品质的筛号茶或半成品茶的品质达到相互调剂、取长补短的作用，提高茶叶精制加工的经济效益。茶叶拼配的目的包括：保证产品质量符合标准；合理选用原料，提升经济价值；正确定级取料，提高精制率；稳定生产秩序；降低消耗，以获取最高的经济效益。茶叶拼配的要求包括：保证拼配样品质符合标准样等要求；保障全年出厂产品品质稳定等。

（二）待拼配茶的品质鉴评

待拼配茶即半成品茶品质的好坏，直接决定了成品茶品质的好坏。所以，对待拼配茶的品质鉴评是保障拼配茶品质的主要前提。待拼配茶一般由于生产加工批次、品种、产地、工艺等不同，有时甚至茶类、季节、存放时间等不同，其品质差别较大。做好待拼配茶检验的前提是相关质量检验员需以品质第一为指导，熟悉生产与拼配的各个环节要求，了解个批半成品茶的品质特征，才能使待拼配茶达到成品茶各项因子的品质要求，保持稳定。

待拼配茶品质鉴评常采用对样评茶法，扦取数量与方法见表 7-1，每袋扦取 200g，再根据鉴评要求取代表性茶样。其外形检验项目包括色泽、苗锋、粗细、长短、身骨、松紧、匀净度等。品质鉴评过程要求上段茶的外形色泽、匀净度与条索粗细、长短、身骨轻重以及内质叶底嫩度与匀度、净度均要符合成品茶要求；中段茶嫩度较好，条索较细；下段茶主要是检验是否匀称，身骨是否达标。其中上段茶的身骨与嫩度要互相兼顾。中段茶净度与色泽也必须符合成品茶要求，不能含有片茶；叶底嫩、匀净度相适应。下段茶的同样要求匀称，不含有片、末。内质检验项目包括香气、滋味、汤色、叶底的嫩度及匀度等。内置香气滋味鉴评过程中主要检验火工高低，滋味浓苦、青涩情况，以及烟、焦等其他异味，及时调整待评茶的种类与数量比例。通过鉴评，要对存在缺点的茶叶做出标记，提出意见，重新整理。

如果出现含有非茶类夹杂物；外形不符；火工不足或过高；级别不符；带烟焦或其他异味茶的半成品茶需与有关质量管理员及制品检验员或相关负责人进行会评复评，及时沟通处理，保障待拼配茶的质量。

表 7-1 扦样数量

每个批袋数	规定扦样袋数	扦样要求
10 以下	扦 1 袋	1. 应先核对单证,防止扦错
100 以下	扦 2~3 袋	2. 每袋扦上、中、下 3 把,要求拌匀装罐,力求正确,有代
200 以下	扦 3~4 袋	表性
300 以下	扦 4~5 袋	3. 装罐后应随即附上标签,以防出错
400 以上	扦 5~6 袋	

(三) 拼配成品茶影响因素

成品茶拼配技术对精制加工茶叶企业来说至关重要,它与市场情况、半成品原料等因素相关密切。因此,企业中拼配技术的好坏直接影响产品的品质与稳定,从而影响到整个生产计划实施、加工工艺调整以及企业经济效益,茶叶拼配在精制加工企业越来越受到重视,对茶叶拼配技术的掌握及对拼配茶的品质进行检验,是保障所产茶品符合市场需求,符合茶叶标准样与贸易标准样的前提。

企业在制订拼配方案前,会根据茶叶标准样、贸易样、库存的半成品茶原料以及调剂茶等品质状况全面地检验,再根据现有库存的半成品茶原料及来源与取料、数量等充分了解,通过品质分析和待拼配茶数量情况制订大致的拼配方案。从而严格对照标准样或贸易样进行小样拼配,使各级小样均能符合各级成品标准样或贸易样的品质规格,在保障各级产品质量稳定的前提下,最大限度使用带拼配茶,达到互相调剂,取长补短,提高经济价值的目的。同时,定期进行品质检验调整,保持批次间原料品质水平达到品质平衡稳定,从而确保产品花色、工艺技术及各项经济技术指标稳定。茶叶拼配过程中,需充分分析标准样或贸易样的特征,标准样的品质规格;熟悉各筛号茶半成品原料品质情况;掌握各批、次、级半成品质量水平,包括对标准样贸易样的外形内质的品质风格、上中下三段茶的比例及各类型筛号茶比例的含量情况等方面进行充分了解;拟拼配的半成品原料的外形、内质等特征;各级筛号茶的外形和内质的品质水平和优缺点等进行掌握,才能在拼配工作中做到心中有数,熟练拼配,提高效率。

茶叶拼配需掌适度,恰到好处,在保障产品质量的同时,最大限度发挥原料的经济价值,做到又省又好。通常为了保证或提高质量,会严格采用对样拼配、对样加工、对样验收等方法进行,如拼配产品及小样品质低于标准样或贸易样,达不到出厂要求,则产品拼配失败,如果拼配样品质高于标准样或贸易样,则未能发挥待拼配茶的最大经济价值。所以一般需要准确处理对样拼配过程中外形与内质,条索、匀净度、整碎与外形,香气、滋味、叶底嫩匀度与内质及前期品质与后期品质等的关系。针对外形和内质的品质失衡时，往往采取缺的补、多的减、高低互调等方式进行相应待拼配茶的挑选与调剂。针对条索与外形的关系调整中，由于条索松紧、锋苗多少、身骨轻重和扁条情况等会直接影响外形，拼配过程中往往采用不拼或少拼面张茶条索较粗的或较松的半成品茶原料、尽量少拼条索短的茶等方法以调整小样外形。针对匀净度与外形的关系中，因为影响外形匀净度的主要因子是朴片、筋梗和非茶类夹杂物等，特别是长筋、短老梗等影响较大，所以拼配过程中往往采用挑选符合标准样或贸易样的面张茶，中段茶调整符合要求，下段茶去净朴片等调整上中下段茶比例，同时控制拼入筋梗茶的比例，最后在色泽方面进行调整。而整碎与外形的关系中，在拼配过程中，拼配比例要求适当、匀称，根据具体情况进行调剂拼配。在内质中，香气、滋味是内质品质好坏的主要标志，香气、滋味有清香、浓高、浓苦、青涩、火工高低等各种类型，拼配过程中应取长补短，合理调剂才能拼成香味最好、滋味最佳的成品茶，所以掌握好待拼配茶的比重、不同季节茶的比重、筋梗茶比重以及各种类型半成品茶的数量搭配尤为重要。叶底嫩匀度方面，由于高档茶要求叶底要嫩、软、匀、亮，所以抓住上段茶的品质特性和拼配比例，是保证叶底嫩匀度的主要环节，同时增加筋梗茶和中段茶比重，也是调剂叶底嫩匀度的有效措施，如叶底嫩匀度还未能符合要求时可采取适当增加高档半成品茶比例等措施进行调整。最后，需要关注前期品质与后期品质的关系，一般茶叶原料品质有春茶好、秋茶中、夏茶差的特征，往往早期采制的品质较好，后期采制的品质较差，但出厂的成品茶品质则要求前后期品质稳定。所以，做好库存半成品原料的保质工作是前后期茶叶品质平衡的基础，其次采用选留部分早期优质春茶供中后期原料拼合时调剂使用或尽量储备部分春茶质优半成品供后期拼配等方法进行调剂。

（四）拼配成品茶的方法

拼配过程往往是先将各路、各级、各孔筛号茶按照标准样或贸易样先拼出小样，然后按小样各筛号茶的比例拼大样，再匀堆装箱出厂。拼配每一款成品茶，须先掌握该半成品茶花色、茶类、库存数量、成箱的数量等情况，才可着手拼配。拼配中要妥善处理好花色等级间的品质关系，务必使各级成品茶的外形内质符合标准。所以，拼配人员必须掌握原料的品质、车间取料工艺、待拼配茶的质量情况与数量情况，才能够保证出厂产品的质量稳定。坚持质量从源头抓起，针对不合格产品存在的问题，应组织会评，交流意见，及时提出改进措施，统一技术措施，以此推动质量管理的健康长远发展，把好产品入库关、稳定拼配水平、把住拼堆装箱关，并严肃认真地执行 产品出厂责任制度。拼配过程提倡数据拼配，逐步提高拼配技术水平与汇集相关资料各花色、各级茶等的拼配，都有一定的比例，目的是使拼配后的各级成品茶的外形和内质都能符合标准样的要求。拼小样时，要熟悉标准样或贸易样的品质水平与特点及上、中、下各段茶的组成与比例情况，还应掌握待拼配茶的级别、水平、特点以及数量等情况。拼小样的方法是：先计算出各筛号茶的数量比例，再分析标准样或贸易样中各筛号茶的比例，并要做到先以外形为主，加入各比例的筛号茶，边拼边对样，直到与标准样或贸易样的品质相符为止。然后开汤进行鉴评，再作内质因子的调整。小样拼好后，记录下小样的各筛号茶的拼配比例。

茶叶拼配技术的核心是品质调剂，品质调剂可通过对原料等级、不同季节、不同产区、半成品茶的品质等的调剂进行拼配茶品质调整。原料等级调剂即由于高档原料质地细嫩，中、低档原料内质水平一般较低，拼配过程中需要充分考虑高档原料所加工的同级半成品，条索细紧，有锋苗，色泽较润，香味和嫩度都较好，而中、低档茶外形身骨欠重实等的区别，取料时一般注重提高外形，提高外形身骨重实度，把高级原料和中、低等级原料所加工出的同级半成品拼配在一起，使得品质互补，达到调剂品质的目的。不同季节原料的调剂方面是因为茶叶原料有春、夏、秋茶之分，不同季节茶叶在品质上有很大差异，所以通过春、夏、秋茶的合理搭配，比例调整等方法使成品茶品质基本趋于一致。不同产区原料的调剂方面是由于茶原料存在不同产区品质存在不同程度上的差别，如高山茶香气高、滋味醇、品质较好，通过不同产区原料的调剂也是保障出厂产品品质的方法之一。在精制加工中，毛茶拼合付制方式一般采用单级阶梯式付制和交叉式付制两种方式，一般毛茶级别由高到低或由低到高付制，称为阶梯式付制；而每批次间毛茶等级按高、低、中交叉搭配则称为交叉式付制。阶梯式付制是在验收定级归堆时对要付制的毛茶进行合理选配与拼合来实现的，它既有利于加工方便和取料，又有利于对品质的调剂；既可减少成品茶拼配的工作量，又保证了产品质量的稳定性。半成品茶的拼配往往也需要和毛茶拼合，通过不同毛茶在不同批次中搭配加工，来达到调剂品质的效果和目的。

（五）拼配成品茶的品质鉴评

成品茶质量虽然不是完全靠拼配出来的，但是成品拼配对掌握标准、调剂品质和平衡前、中、后期产品质量及合理发挥经济效益都具有重要的作用。因此，必须严格、认真、细致、全面地掌握所拼配茶叶的品质状况。在质量管理中坚持质量第一的方针，坚定对照标准样拼配等要求，正确处理质量与成本的关系；根据各级成品标准样的品质要求进行品质检验。对照标准样，按外形、内质的各项因子逐项进行鉴评和检验。

1. 外形鉴评

条索或颗粒主要是鉴评成品茶的条索、颗粒、松紧、粗细、身骨轻重、苗锋等因子；整碎度方面主要是鉴评上、中、下三段茶的匀称程度；色泽方面主要是颜色和油润度的鉴别；匀净度上主要是朴片、筋梗、茶籽和其他夹杂物的多少及整体与标准样或贸易样的匹配程度。

2. 内质鉴评

内质方面，香气要求正常，无酸、馊、烟、焦、老火等异气；滋味方面要求拼配成品茶醇正，同样要求无酸、馊、烟、焦、老火等异气；叶底主要鉴评嫩度芽头多少，叶质老嫩和软硬程度；最后是叶底色泽方面要求匀度、亮度与对照标准样或贸易样相近。

课后复习题

1. 商品茶茶类的品质鉴别方法步骤有哪些？

2. 茶叶等级鉴别要点有哪些？

3. 茶叶储存包装鉴别要点有哪些？

4. 茶叶拼配品质技术要点有哪些？

项目八

茶叶鉴评技术精选实训

知识目标

（1）掌握不同实训项目的目的原理。

（2）掌握不同实训项目的步骤与方法。

技能目标

（1）具备进行茶叶鉴评实训能力。

（2）具备实训总结的撰写能力。

一、茶叶鉴评技术审评结果表

（一）　茶叶鉴评技术是审评结果表的作用

茶叶鉴评技术审评结果表主要是在品质感官审评过程中对所鉴评的茶样的外形（条索、色泽、整碎、净度）、香气、汤色、滋味、叶底等各项因子进行鉴评后采用准确的评茶术语进行评定的记录及对样评茶过程中对茶样的等级分数进行的评比记录。结果表能够准确直观描述茶叶品质及等级的高低，同时能够在评语与评分的过程中反映各项因子的品质情况，有利于茶叶品质的综合评定与质量评价。以下列举几例常用的审评结果表，有时候根据需要可在表格合适位置增加审评人员及审评时间内容。（见表8-1、8-2、8-3）

表 8-1　茶叶鉴评技术审评结果表

序号	茶名	外形	内 质				总分
			香气	汤色	滋味	叶底	
1	分数						
2	分数						
3	分数						
4	分数						
5	分数						

表 8-2　茶叶鉴评技术审评结果表

品名	干 评					湿 评			
	形状	色泽	色泽	匀整	净度	汤色	滋味	香气	叶底

表 8-3　茶叶鉴评技术审评结果表

茶名	外形：___		汤色：___		香气：___		滋味：___		叶底：___	
	评语	分	评语	分	评语	分	评语	分	评语	分

（二）茶叶鉴评技术审评结果表各因子评分系数设定

茶叶鉴评技术审评结果表中，有时也会根据需要，将所审评茶类的各项因子系数标注于审评结果表内，方便评审人员记录时评分的换算，特别是在百分制评茶法过程中，评审人员可以根据实际需要，将以上常见审评结果表进行调整，使之更加符合各人、各企业、各单位的工作要求。而关于各茶类的审评因子评分系数的多少，根据 GB/T 23776-2018 的最新茶叶审评标准中有所列出，根据滋味系数由大到小进行排序，具体因子系数参考表8-4。

表 8-4　各类茶审评因子评分系数汇总表

茶　类	外形	汤色	香气	滋味	叶底
乌龙茶	20	5	30	35	10
紧压茶	20	10	30	35	5
粉茶	10	20	35	35	0
绿茶	25	10	25	30	10
工夫红茶（小种红茶）	25	10	25	30	10
红碎茶	20	10	30	30	10
黑茶（散茶）	20	15	25	30	10
白茶	25	10	25	30	10
黄茶	25	10	25	30	10
花茶	20	5	35	30	10
袋泡茶	10	20	30	30	10

二、茶叶鉴评实验（训）报告

（一）茶叶鉴评实验（训）报告的作用

茶叶鉴评实验（训）（以下通指"实验"）报告，是指在茶叶鉴评专业实验（训）学习过程中，实验者将实验的目的、步骤、结果等用简洁的语言总结的书面报告。实验报告须建立在科学严谨的科学实验基础上，在进行茶叶鉴评实验后，对茶叶鉴评技术审评结果的记录，进一步积累相关审评资料，整理相关实验成果的一种学习、记录方法，从而提高实验者的观察能力，培养实验人员发现问题、分析问题、解决问题的能力，培养理论联系实际的学风与实事求是的科学作风。

（二）实验（训）报告写作的要求

实验（训）的种类较多，格式上多有不同，但整理内容较为固定，一般包括实验名称、实验目的、实验器具与材料、实验步骤和方法、实验结论等主要的内容。

1. 实验名称：用较简洁的语言反映实验（训）的相关内容。如认识不同茶区名茶，实验名称可以表达为"××茶区品质检验"等。

2. 实验的目的：实验的目的一般包括理论和实践两个方面的。理论一般是指验证某某定律，使实验者对某理论更深刻和系统地理解；而实践方面的目的，一般是指掌握使用某种仪器设备或实验器具及使用该器具设备所需要掌握的相关技能技巧。茶叶鉴评过程的目的一般以实践目的为多。

3. 实验器具与材料：茶叶鉴评过程中主要实验器具即鉴评杯、鉴评碗、煮水壶、茶巾、茶叶等。

4. 实验的步骤和方法：步骤和方法是实验过程的重要内容，步骤和方法的严谨与正确程度直接影响到实验的结论，所以实验过程的步骤需要如实填写，如开水烧开后几 min 开始冲泡，还是水开随即冲泡，冲泡第一杯茶后进行计时还是计时才按照顺序进行冲泡都应该在步骤中写明，步骤的严谨性与后面的实验结论有着密切的关系。

5. 实验结论：根据鉴评结果表及相关实验原理对实验的现象和鉴评的评分等数据进行记录，做出总结。

（三）实验（训）报告撰写注意事项

实验（训）报告撰写是一件严谨的工作，要注意报告的严谨性、准确性、科学性和真实性，在撰写过程中要注意以下事项。

1. 及时并准确地进行记录。

2. 记录过程层次要求清晰。

3. 记录过程名称及专业名称需要统一。

4. 多采用专业术语进行记录。

表 8-5 《茶叶鉴评技术》课程实验（训）报告（例表）

学生姓名		学号	
实验地点		实验时间	
指导老师		实验类型	
★实验名称			
实验学时			
实验原理			
★实验目的			
★实验器具及材料			
★实验步骤和方法			
★实验结论			

实训一　不同茶区品质特征（以工夫红茶为例）

（一）引言

工夫红茶是我国红茶的主要品类之一，因其制作过程颇费工夫而得名。工夫红茶在我国分布广泛，按照地区区分有滇红、祁红、川红、宜红、闽红、宁红、粤红等，其由于茶区不同、品种不同等因素，故其不同茶区工夫红茶有不同的品质体现。

（二）实训内容

鉴评不同产地的工夫红茶外形（形状、匀度、净度、色泽）、内质（香气、滋味、汤色、叶底）。

（三）实验目的

通过不同茶区品质特征实验，掌握其评茶的方法，比较不同地区与品质间的品质差异，了解不同茶区工夫红茶等茶类的品质差异。

（四）实验器具及材料

1. 实验器具

鉴评杯、鉴评碗、茶匙、评茶盘、叶底盘、天平、计时器等。

2. 实验材料

精制工夫红茶茶样 1~3 套。

（五）实验步骤和方法

1. 外形鉴评

用分样器或四分法从均匀样品中分取试样 100~180g，置于评茶盘中，将评茶盘动转数次后，使试样粗细、大小顺序分层。逐项评比。

形状：评比大小、松紧、轻重程度、毫尖碎茶和含毫量。

匀度：评比匀齐程度。

净度：评比有无梗、筋皮。

色泽：评比色泽深浅、润枯、匀杂程度。

2. 内质鉴评

称取评茶盘中混匀的试样 3 g，置于评茶杯中（茶水比例 1∶50），注沸水，加盖浸泡 5min，后将茶汤沥入评茶碗中，依次序鉴评其茶汤色、香气和滋味三项因子，最后，将杯中的茶渣移入底盘中，检视其叶底。

香气：评比香气浓淡、高低、鲜陈以及有无不正常气味。

滋味：评比茶汤浓醇度、鲜爽度以及有无不正常异味。

汤色：评比茶汤的深浅、明暗以及有无沉淀物。

叶底：评比老嫩、匀杂和亮暗程度。

（六）实训考核方法

了解、熟悉不同产地红茶的色、香、味、形的品质特点和特征。通过评茶后，完成感官评茶的作业。

实训二 代表性名茶鉴别技术（以名优绿茶为例）

（一）引言

中国十大名茶中绿茶占的比重较大，本实训以名优绿茶为例，对我国代表性名茶进行实验（训），名优绿茶产区主要分布在安徽、浙江、湖北等地。

（二）实训内容

鉴评不同代表性产地名优绿茶绿茶的外形特征（形状、匀度、净度、色泽）、内质（香气、滋味、汤色、叶底）。

（三）实验目的

认识不同代表性名优绿茶的色、香、味、形的品质特点和特征。熟悉不同代表性名优绿茶品质特点。

（四）实验器具及材料

1. 实验器具

鉴评杯、鉴评碗、茶匙、评茶盘、叶底盘、天平、计时器等。

2. 实验材料

西湖龙井、碧螺春、信阳毛尖、黄山毛峰、六安瓜片、都匀毛尖等代表茶样。

(五) 实验步骤和方法

1. 外形鉴评

用分样器或四分法从均匀样品中分取试样 100～180g，置于评茶盘中，将评茶盘动转数次后，使试样粗细、大小顺序分层。逐项评比。

形状：评比大小、松紧、轻重程度、毫尖碎茶和含毫量。

匀度：评比匀齐程度。

净度：评比有无梗、筋皮。

色泽：评比色泽深浅、润枯、匀杂程度。

2. 内质鉴评

称取评茶盘中混匀的试样 3g，置于评茶杯中（茶水比例 1∶50），注沸水，加盖浸泡 4min，后将茶汤沥入评茶碗中，依次序鉴评其茶汤色、香气和滋味三项因子，最后，将杯中的茶渣移入底盘中，检视其叶底。

香气：评比香气浓淡、高低、鲜陈以及有无不正常气味。

滋味：评比茶汤浓醇度、鲜爽度以及有无不正常异味。

汤色：评比茶汤的深浅、明暗以及有无沉淀物。

叶底：评比老嫩、匀杂和亮暗程度。

(六) 实训考核方法

了解、熟悉不同代表性名优绿茶的色、香、味、形的品质特点和特征。通过评茶后，完成感官评茶的作业。

实训三　等级茶鉴别技巧（以福建白茶为例）

(一) 引言

白茶是我国的特种茶之一，属于微发酵茶，白茶加工主要包括鲜叶、萎凋、干燥等工序，其中萎凋是白茶的关键工序。制成的白茶具有"毫香清鲜、滋味甘和"的品质特征，福建传统白茶分为白毫银针、白牡丹、贡眉、寿眉等。

（二）实训内容

鉴评不同产地、不同季节的白茶外形（形状、匀度、净度、色泽）内质（香气、滋味、汤色、叶底）。

（三）实验目的

认识不同等级茶叶的色、香、味、形的品质特点和特征。熟悉不同等级茶叶的品质特点及鉴评要点。

（四）实验器具及材料

1. 实验器具

鉴评杯、鉴评碗、茶匙、评茶盘、叶底盘、天平、计时器等。

2. 实验材料

白毫银针、白牡丹、贡眉、寿眉等茶样

（五）实验步骤和方法

1. 外形鉴评

用分样器或四分法从均匀样品中分取试样 100～180g，置于评茶盘中，将评茶盘动转数次后，使试样粗细、大小顺序分层。逐项评比。

形状：评比大小、松紧、轻重程度、毫尖碎茶和含毫量。

匀度：评比匀齐程度。

净度：评比有无梗、筋皮。

色泽：评比色泽深浅、润枯、匀杂程度。

2. 内质鉴评

称取评茶盘中混匀的试样 3 g，置于评茶杯中（茶水比例 1∶50），注沸水，加盖浸泡 5min，后将茶汤沥入评茶碗中，依次序评审其茶汤色、香气和滋味三项因子，最后，将杯中的茶渣移入底盘中，检视其叶底。

香气：评比香气浓淡、高低、鲜陈以及有无不正常气味。

滋味：评比茶汤浓醇度、鲜爽度以及有无不正常异味。

汤色：评比茶汤的深浅、明暗以及有无沉淀物。

叶底：评比老嫩、匀杂和亮暗程度。

（六）实训考核方法

了解、熟悉不同等级白茶的色、香、味、形的品质特点和特征。通过评茶后，完成感官评茶的作业。

实训四 不同储存环境茶叶鉴评技巧（以普洱茶为例）

（一）引言

茶叶存储过程中由于储存环境的不同会影响茶叶品质的变化，不同储存条件的茶品饮价值有所不同，其风格亦有所不同。如湖南黑茶、湖北老青砖、云南普洱茶等在储存得当的情况下，其内含物质的转化使其茶叶形成独特的风味。本实验以普洱茶为例，对不同储存环境茶叶品质进行鉴评。

（二）实验内容

鉴评不同储存条件下的普洱茶外形（形状、色泽、匀整、净度）、内质（香气、汤色、滋味、叶底）。

（三）实验目的

了解、熟悉普洱茶不同储存环境的色、香、味、形的品质特点和特征。掌握不同环境与品质特征的关系。

（四）实验器具及材料

1. 实验器具

鉴评杯、鉴评碗、茶匙、评茶盘、叶底盘、天平、计时器等。

2. 实验材料

不同储存环境（不同温度、不同湿度等）下的同年产普洱茶（散茶、紧压茶）数款。

（五）实验步骤和方法

1. 普洱散熟茶的感官鉴评

（1）干看外形

① 条索：把标准样（收购样、实物样）和供试样分别倒入样茶盘中，比条索肥壮、紧结（或紧实）的程度。以紧结、肥壮、重实的为好，条索松泡、身骨轻的为差。评出供试样相当于标准样的水平。

② 色泽：对照标准样比色泽和嫩度。色泽是衡量普洱茶品质的一个重要因子，色泽的好坏可以反映做工的好坏。色泽褐红且均匀一致的为好，表示在渥堆过程中"发酵均匀"。色泽发黑或色泽花杂不匀为较差，表示在渥堆过程中"发酵不匀"。嫩度：比含毫量的多少，含毫量多的嫩度好。但普洱茶原料以有一定成熟度为好，不过多要求嫩度。

③ 匀整（或整碎）：对照标准样，比匀齐度，上中下三段茶的拼配是否适当，并做出相应的记录。

④ 净度：对照标准样，比含梗量的多少，梗的老、嫩程度等并做出记录。

（2）湿评内质

称取有代表性的样茶 3g，用 150ml 标准鉴评杯碗，采取 2 次冲泡法。第一次冲泡 3min，将茶汤倒入评茶碗中供审评汤色用，然后嗅香气、尝滋味。将冲泡后的茶渣进行第二次冲泡。冲入沸水 150ml，冲泡 5min 将茶汤倒入评茶碗中，再嗅香气、尝滋味，比较两次冲泡的香气、滋味，并以第二次冲泡后的香气、滋味为准。

① 香气：比香气的醇度、陈香的持久性及高低。以陈香馥郁或陈香浓郁为正常，有酸味、异味、杂味为差。

② 滋味：比滋味的醇和、顺滑程度、浓度及回味。以入口顺滑、醇浓、回甘、生津的为好，不苦、不涩、不酸、醇厚回甜的为正常，有酸味、苦味、涩味的较差。

③ 汤色：以红浓明亮、红亮剔透（似琥珀色）为好；深红色为正常；汤色深暗、浑浊较差。比汤色的深、浅、亮、暗、浊、透的程度，并做出记录。

④ 叶底：以柔软、肥嫩、褐红、有光泽、匀齐一致为好；色泽花杂、暗淡无光泽（或碳化呈黑色）叶底硬，或用手指触摸如泥状均为较差。

2. 普洱紧压熟茶的感官鉴评

（1）普洱紧压茶的感官鉴评因子

普洱紧压茶主要鉴评匀整、洒面、松紧等三项因子。内质鉴评香气、汤色、叶底四项因子。

（2）外形鉴评

① 匀整：对照标准样，比形态是否端正、棱角（边缘）是否整齐、光滑，模纹是否清晰，厚薄大小是否一致。

② 洒面：有洒面的茶，洒面应分布均匀，包心不外露，不起层落面。

③ 松紧：普洱紧压茶要求松紧适度，过松、过紧都不符合要求。

（3）内质鉴评参照普洱散熟茶

3. 普洱生茶的感官鉴评

以云南大叶种茶树鲜叶为原料，经杀青、揉捻、日光干燥、蒸压成型等工艺制成的紧压茶。其品质特征为：外形色泽黄绿、墨绿，香气清醇持久，滋味浓厚回甘，汤色绿黄清亮，叶底肥厚黄绿。

（1）生普散茶

① 外形鉴评：用分样器或四分法从均匀样品中分取试样 100~180g，置于评茶盘中，将评茶盘动转数次后，使试样粗细、大小顺序分层。逐项评比。

形状：评比肥瘦、大小、松紧、轻重程度、含毫量多少。

匀度：评比匀整度、断碎程度。

净度：评比有无梗、老叶夹杂物。

色泽：评比色泽深浅、润枯、匀杂程度。

② 内质鉴评

称取评茶盘中混匀的试样 3g，置于评茶杯中（茶水比例 1∶50），注沸水，加盖浸泡 5min，后将茶汤沥入评茶碗中，依次序鉴评其茶汤色、香气和滋味三项因子，最后，将杯中的茶渣移入底盘中，检视其叶底。

香气：评比香气浓淡、高低、鲜陈以及有无不正常气味。

滋味：评比茶汤浓醇度、鲜爽度以及有无不正常异味。

汤色：评比茶汤的深浅、明暗以及有无沉淀物。

叶底：评比老嫩、匀杂和亮暗程度。

（2）生普紧压茶

普洱紧压茶主要鉴评匀整、洒面、松紧等三项因子。内质鉴评香气、汤色、叶底四项因子。

① 外形鉴评

匀整：对照标准样，比形态是否端正、棱角（边缘）是否整齐、光滑，模纹是否清晰，厚薄大小是否一致。

洒面：有洒面的茶，洒面应分布均匀，包心不外露，不起层落面。

松紧：普洱紧压茶要求松紧适度，过松、过紧都不符合要求。

② 内质鉴评

称取有代表性的样茶 3g，用 150ml 标准鉴评杯碗，采取 2 次冲泡法。第一次冲泡 3min，将茶汤倒入评茶碗中供鉴评汤色用，然后嗅香气、尝滋味。将冲泡后的茶渣进行第二次冲泡。冲入沸水 150ml，冲泡 5min 将茶汤倒入评茶碗中，再嗅香气、尝滋味，比较两次冲泡的香气、滋味，并以第二次冲泡后的香气、滋味为准。

4. 普洱熟茶常用鉴评术语

品质因子	优点或正常	缺点及弊病
外形条索	壮实、紧结、匀整	欠紧、欠匀整
紧压茶	端正、平滑、紧度适合	包心外露、龟裂
外形色泽	褐红、灰白调匀	花杂、枯暗、青张
香气	醇正、陈香、浓郁	异味、霉气
汤色	红浓明亮、深红	浑浊、深暗、发黑
滋味	醇和、爽滑、回甘	苦、涩、辛辣、酸味
叶底	肥嫩、红褐、均匀	焦条、青张

5. 评茶各因子权数表（%）

（1）普洱散茶

外形30。

内质80（汤色15、香气25、滋味30、叶底10）。

（2）普洱紧压茶

外形20。

内质80（汤色10、香气30、滋味35、叶底5）。

（六）实训考核方法

了解、熟悉不同储存环境普洱生茶、熟茶中的散茶与紧压茶的色、香、味、形的品质特点和特征，掌握普洱生茶、熟茶的感官评茶的方法。通过评茶后，独立完成实训作业。

实训五　常见弊病茶叶鉴评（以特色黄茶为例）

（一）引言

黄茶按照发酵程度分为轻发酵茶，加工工艺一般主要包括杀青、揉捻、闷黄、干燥等工序，其中闷黄是其主要工艺，有"干闷"和"湿闷"之分。黄茶一般分为黄芽茶、黄小茶和黄大茶，其主要产区包括四川、安徽、湖南、浙江、广东等地。

（二）实训内容

以黄茶为例，鉴评黄茶常见品质弊病茶叶的外形（形状、匀度、净度、色泽）、内质（香气、滋味、汤色、叶底）。

（三）实验目的

认识黄茶品质特征与常见弊病的品质特点并学习产生弊病的原因与改进的措施。

（四）实验器具及材料

1. 实验器具

鉴评杯、鉴评碗、茶匙、评茶盘、叶底盘、天平、计时器等。

2. 实验材料

带有"香气低闷""汤色浑浊""滋味青涩""叶底花杂"等常见品质弊病的黄茶3~4款。

（五）实验步骤和方法

1. 外形鉴评

用分样器或四分法从均匀样品中分取试样100~180g，置于评茶盘中，将评茶盘动转数次后，使试样粗细、大小顺序分层。逐项评比。

形状：评比大小、松紧、轻重程度、毫尖碎茶和含毫量。

匀度：评比匀齐程度。

净度：评比有无梗、筋皮。

色泽：评比色泽深浅、润枯、匀杂程度。

2. 内质鉴评

称取评茶盘中混匀的试样3g，置于评茶杯中（茶水比例1∶50），注沸水，加盖浸泡5min，后将茶汤沥入评茶碗中，依次序鉴评其茶汤色、香气和滋味三项因子，最后，将杯中的茶渣移入底盘中，检视其叶底。

香气：评比香气浓淡、高低、鲜陈以及有无不正常气味。

滋味：评比茶汤浓醇度、鲜爽度以及有无不正常异味。

汤色：评比茶汤的深浅、明暗以及有无沉淀物。

叶底：评比老嫩、匀杂和亮暗程度。

（六）实训考核方法

了解、熟悉常见品质弊病茶叶的色、香、味、形的品质特点和特征。通过评茶后，完成感官评茶的作业。

实训六　对样评茶技能实训（以乌龙茶为例）

（一）引言

对样评茶是茶叶鉴评过程中经常用到的评判方法，其主要通过审评样与标准样的各项因子进行评比，对茶叶整体品质及其因子进行细致分析对比，从不同权数的因子评比过程中对鉴评样的整体品质进行评价的方法。

（二）实训内容

鉴评不同产地的乌龙茶类的外形（形状、匀度、净度、色泽）、内质（香气、滋味、汤色、叶底）。

（三）实验目的

认识不同产地的乌龙茶类的色、香、味、形的品质特点和特征。了解和掌握对样评茶的操作方法。

（四）实验器具及材料

1. 实验器具

倒钟形评茶杯（或鉴评杯）、鉴评碗、茶匙、评茶盘、叶底盘、天平、计时器等。

2. 实验材料

不同等级乌龙茶茶样 2 套。

（五）实验步骤和方法

1. 外形鉴评：取混合均匀样品 125g，置样茶盘中，按外形感官因子，鉴评样品外形紧结度、匀整度、色泽。

形状：评比大小、松紧、轻重程度。

匀度：评比匀齐程度。

净度：评比有无梗、筋皮。

色泽：评比色泽深浅、润枯、匀杂程度。

2. 内质鉴评：

（1）方法一：盖碗评茶法

称取样品 5g 置于 110ml 倒钟形评茶杯中，加沸水冲泡 3 次，高级茶冲泡 4 次。

第一次加盖浸泡 2min，第二次加盖浸泡 3min，第三次加盖浸泡 5 分种，以第二次冲泡为基准，第一、第三次冲泡为参照，分别评定香气、汤色、滋味，最后，将茶渣移入叶底盘，检查其叶底。

（2）方法二：柱形杯评茶法

称取评茶盘中混匀的试样 3g，置于评茶杯中（茶水比例 1∶50），注沸水，加盖浸泡 5min（绿茶 4min），后将茶汤沥入评茶碗中，依次序评审其茶汤色、香气和滋味三项因子，最后，将杯中的茶渣移入底盘中，检视其叶底。

香气：评比香型浓淡、高低、鲜陈以及有无不正常气味。

滋味：评比茶汤浓强度、鲜爽度以及有无不正常异味。

汤色：评比茶汤的深浅、明暗以及有无沉淀物。

叶底：评比老嫩、匀杂和亮暗程度。

3. 对样评茶（百分制）的评分方法

（1）百分法评分（每级差别 10 分）

（2）七档制法评分

◎ 设定某个《标准样》基准分为 100 分　　◎外形、内质分别评分

◎ 与《待评样》对比，按给分看是否符合。　◎根据各因子权数计算实际分数。

相符：100 分	符合标准样：0 分
稍高：+1~3 分	稍高：+1 分
较高：+4~6 分	较高：+2 分
高：+7~9 分	高：+3 分
稍低：−1~3 分	稍低：−1 分
较低：−4~6 分	较低：−2 分
低：−7~9 分	低：−3 分

（3）对样评茶品质记录

标准样名称：		等级：		评比样名称：		评定等级：		
项目		外　形			内　质			
因子	条索	色泽	整碎	净度	香气	汤色	滋味	叶底
高								
稍高								
较高								
相当								
稍低								
较低								
低								
鉴评意见：								

（4）品质记录表——记录评茶术语

样品名称	外　形				内　质			
	形状	色泽	整碎	净度	香气	汤色	滋味	叶底

（5）权数计算（举例）乌龙茶品质权数

因子	外形（条索、整碎、色泽、净度）	香气	汤色	滋味	叶底
权数	20%	30%	5%	35%	10%
分数	+2	0	−1	−3	−3
得分	0.4	0	−0.05	−1.05	−0.3

（六）实训考核方法

　　熟悉不同产地乌龙茶的色、香、味、形的品质特点和特征，掌握对样评茶的方法。通过评茶后，完成对样评茶的作业。

实训七　对样百分制评茶技能实训（以茉莉花茶为例）

（一）引言

茉莉花茶是将茶坯与新鲜的茉莉花一起窨制而成的一类再加工茶，花茶既有茶叶的滋味，亦有鲜花的芬芳。对样百分制评茶技能实训主要是通过对茶样与标准样（或对比样）进行对比，通过采用百分制评茶法对鉴评茶样各项因子评分后再根据不同权数换算，得出最后总分，并对鉴评样进行综合品质分析及各项因子品质优劣进行评比的一种鉴评方法。

（二）实验内容

以茉莉花茶为例，鉴评不同等级的茉莉花茶的外形（形状、匀度、净度、色泽）、内质（香气、滋味、汤色、叶底）。

（三）实验目的

认识不同等级的茉莉花茶的色、香、味、形的品质特点和特征。了解和掌握对样百分制评茶的操作方法。

（四）实验器具及材料

1. 实验器具

鉴评杯、鉴评碗、茶匙、评茶盘、叶底盘、天平、计时器等。

2. 实验材料

不同级别茉莉花茶 3~4 套。

（五）实验步骤和方法

1. 外形鉴评

用分样器或四分法从均匀样品中分取试样 200g 左右，置于评茶盘中，将评茶盘动转数次后，使试样粗细、大小顺序分层。逐项评比。

形状：评比大小、松紧、轻重程度、毫尖碎茶和含毫量。

匀度：评比匀齐程度。

净度：评比有无筋皮。

色泽：评比色泽深浅、润枯、匀杂程度。

2. 内质鉴评

称取评茶盘中混匀的试样 3g，置于评茶杯中（茶水比例 1∶50），注沸水，加盖浸泡 3min，后将茶汤沥入评茶碗中，依次序鉴评其茶汤色、香气（鲜灵度与醇度）和滋味三项因子，第二次冲泡 5min，沥出茶汤后依次鉴评汤色、香气、滋味、叶底。结果以第二次冲泡结果为主，综合第一泡进行评判。

汤色：评比茶汤的深浅、明暗以及有无沉淀物。

香气：评比香气浓淡、高低、鲜陈以及有无不正常气味。

滋味：评比茶汤浓强度、鲜爽度以及有无不正常异味。

叶底：评比老嫩、匀杂和亮暗程度。

3. 对样评茶（百分制）的评分方法

（1）百分法评分（每级差别 10 分）

（2）七档制法评分

◎设定某个《标准样》基准分为 100 分。　　　　　◎外形、内质分别评分。

◎与《待评样》对比，按给分看是否符合。　　　　◎根据各因子权数计算实际分数。

相符：100 分		符合标准样：0 分
稍高：+1~3 分		稍高：+1 分
较高：+4~6 分		较高：+2 分
高：+7~9 分		高：+3 分
稍低：−1~3 分		稍低：−1 分
较低：−4~6 分		较低：−2 分
低：−7~9 分		低：−3 分

（3）对样评茶品质记录

标准样名称：	等级：		评比样名称：		评定等级：		
项目	外　　形				内　　质		
因子	条索	色泽	整碎	净度	香气	汤色	滋味	叶底
高								
稍高								
较高								
相当								
稍低								
较低								
低								
鉴评意见：								

（4）品质记录表——记录评茶术语

样品名称	外形				内质			
	形状	色泽	整碎	净度	香气	汤色	滋味	叶底

（5）计算花茶品质权数

因子	外形（条索、整碎、色泽、净度）	香气	汤色	滋味	叶底
权数	20%	35%	5%	30%	10%
分数	+2	0	−1	−3	−3
得分	0.4	0	−0.5	−0.9	−0.3

（六）实训考核方法

熟悉不同等级茉莉花茶的茶叶色、香、味、形的品质特点和特征，掌握对样百分制评茶的方法。通过评茶后，完成对样百分制法评茶的作业。

实训八 速溶茶鉴评

（一）引言

速溶茶是用成品茶或半成品茶为原料制作而成的再加工茶，又名茶精、萃取茶等，多以颗粒状或粉末状呈现，能在热水或冷水中快熟溶解。颗粒状直径 200~500um，若颗粒小于 150um，则往往速溶性下降。国际上的速溶茶粉有红茶、绿茶、乌龙茶、花茶等。

（二）实训内容

速溶茶是茶叶经提取、浓缩、干燥等深加工工艺后制成的一种颗粒状、速溶方便型茶叶饮料。冲泡后最大的特点就是不见茶渣，其香气与滋味由于再加工环节往往不及普通茶叶的滋味浓醇，速溶茶往往可分为醇茶速溶茶和调味速溶茶。

（三）实验目的

通过实验，掌握速溶茶的鉴评方法，了解不同类型的速溶茶品质特征。

（四）实验器具及材料

1. 实验器具

鉴评杯、鉴评碗、茶匙、评茶盘、叶底盘、天平、计时器等。

2. 实验材料

醇茶速溶茶和调味速溶茶茶样各 3~4 款。

（五）实验步骤和方法

1. 外形鉴评

外形主要鉴评形状和色泽。根据加工不同，速溶茶分为不定性颗粒状、珍珠颗粒状和卷片状；色泽通常呈现为红茶红褐、红棕、红黄等，绿茶则黄色或黄绿色，新鲜速溶茶鲜活光泽。

2. 内质鉴评

内质主要鉴评速溶性、汤色和香味。称取代表性待试样 0.75g 速溶茶 2 份，放入 250ml 玻璃杯中，分别用 150ml 冷水（约 15℃）和沸水进行冲泡，对内质因子逐项进行鉴评。

速溶性：一般溶于 10℃以下的速溶茶称为冷溶性速溶茶，溶于 40~60℃的称为热溶性速溶茶。速溶性主要评比溶解醇度，浮面与沉淀物现象。

汤色：评比热泡茶汤要求清澈透亮，汤色艳丽；冷泡要求汤色清澈明亮。

香味：评比速溶茶鲜爽感。香味醇度，有无异杂气味。

（六）实训考核方法

了解、熟悉速溶茶的品质特点和特征。通过评茶后，完成感官评茶的作业。

参考文献

［1］伍贤学，李明，李亮星，等．茶粉均质性的红外光谱相似度评价研究［J］．光谱学与光谱分析，2021，41（05）：1417-1423．

［2］蒋宾，鄢远珍，刘琨毅，等．云南和福建白茶差异比较研究［J］．西南大学学报（自然科学版），2021，43（04）：62-72．

［3］华夏，李晓梅，李丽泓，等．黄茶闷黄过程中电化学变化与品质关系［J/OL］．食品与发酵工业：1-10［2021-05-13］．https：//doi.org/10.13995/j.cnki.11-1802/ts.026899．

［4］田洪武．浅析花香白茶品质特征及工艺提升［J］．中国茶叶，2021，43（04）：56-58．

［5］刘洋，刘雅芳，林智，等．白茶贡眉的香气组成与关键呈香成分分析［J/OL］．食品科学：1-15［2021-05-13］．http：//kns.cnki.net/kcms/detail/11.2206.TS.20210406.1508.039.html．

［6］郭敏明，郑旭霞，崔宏春，等．不同杀青工艺对超微绿茶粉品质影响的比较［J］．浙江农业科学，2021，62（04）：787-789．

［7］刘洋，龚淑英．中国调味茶的现状、问题与发展趋势［J］．茶叶，2021，47（01）：1-4．

［8］甘秋玲．福建福鼎白茶主产区地球化学特征及区划研究［J］．福建地质，2021，40（01）：34-44．

［9］曹献馥，曹献秋．茶叶包装中影响消费者购买意愿的设计要素研究［J/OL］．包装工程：1-16［2021-05-13］．http：//kns.cnki.net/kcms/detail/50.1094.TB.20210311.1007．

002. html.

[10] 孙达，龚恕，崔宏春，等．不同品种茶树春秋季鲜叶超微绿茶粉适制性研究［J］．浙江农业学报，2021，33（03）：437-446.

[11] 刘晓，张厅，唐晓波，等．蒙顶黄芽不同加工工序中色泽变化与品质相关性研究［J/OL］．食品工业科技：1-11［2021-05-13］．https：//doi.org/10.13386/j.issn1002-0306.2020100194.

[12] 李鸿明，夏霄萌，刘博雅．茶叶"绿色包装"创意设计研究［J］．湖南包装，2021，36（01）：43-45.

[13] 张芸，张大鲁．节气文化在养生茶产品包装中的策略研究［J］．湖南包装，2021，36（01）：58-60.

[14] 马晓娜．基于消费者心理的茶叶纸质包装设计探析［J］．造纸信息，2021（02）：85-86.

[15] 杨延，陆多林，查银娟．红茶品质影响因素研究进展［J］．农业技术与装备，2021（02）：12-13.

[16] 林燕萍，黄毅彪，郭雅玲．白茶优异品质成因分析与品鉴要领［J］．武夷学院学报，2021，40（02）：75-82.

[17] 廖梅，许瑶，蓝锦珊．HPLC-MS法同时测定百合枣仁袋泡茶中酸枣仁皂苷A、酸枣仁皂苷B和斯皮诺素的含量［J］．中国中医药现代远程教育，2021，19（03）：143-146.

[18] 陈邦印，王建生，李慈心，等．基于PLC的小青柑自动掏肉机设计［J］．机械工程师，2021（02）：7-10+14.

[19] 刘亚文，于飞，陈聪，等．不同包装材料对正山小种红茶贮藏品质的影响［J］．浙江大学学报（农业与生命科学版），2021，47（01）：60-73.

[20] Lee Nahyeon, Kim Soosan, Lee Jechan. Valorization of waste tea bags via CO_2-assisted pyrolysis［J］. Journal of CO2 Utilization, 2021, 44.

[21] 周秦羽，屈青云，项希，等．毛火后闷堆处理对夏季红茶品质的影响［J/OL］．食品科学：1-13［2021-05-13］．http：//kns.cnki.net/kcms/detail/11.2206.TS.20210115.1026.010.html.

[22] 杨延，杨郦婷，查银娟．红茶茶色素的提取、功效及应用研究进展［J］．广东蚕业，2021，55（01）：69-70.

[23] 黄静，林海，何畅辉，等．基于茶叶感官审评技术浅述各产地黑茶品质特征［J］．湖北农业科学，2020，59（S1）：396-399.

[24] 战捷，周静峰，田晓兰．白茶鲜叶萎凋主要生化成分变化研究进展［J］．茶叶

通讯，2020，47（04）：559-562.

[25] 朱晓琳．全球茶叶贸易空间格局演变及其趋势［J］．福建茶叶，2020，42（12）：44-45.

[26] 李荣林，艾仄宜，杨建华，等．工夫红茶制作新技术的研究现状［J］．江苏农业科学，2020，48（24）：41-44.

[27] 汪洁琼，汪芳，邓余良，等．不同保鲜方法对低温贮藏烘青绿茶品质的影响［J］．中国茶叶加工，2020（04）：21-28.

[28] 张欣然．茶叶审评技术研究进展［J］．中国野生植物资源，2020，39（12）：46-51.

[29] 吴远付，王声森，周雪锋．白茶加工工艺及新品种适制性探究［J］．南方农业，2020，14（35）：201-202.

[30] 林松洲．名优乌龙茶制作工艺及品质要求［J］．新农业，2020（23）：14-15.

[31] 舒娜，汪蓓，欧阳珂，等．绿茶加工中主要脂溶性色素变化及其对茶叶色泽品质的影响［J/OL］．食品与发酵工业：1-11［2021-05-13］．https：//doi.org/10.13995/j.cnki.11-1802/ts.026031.

[32] 桑嘉玘，温靖，刘昊澄，等．不同品种英德红茶的品质比较分析［J］．现代食品科技，2021，37（04）：157-162.

[33] 吴文斌．乌龙茶工艺花香型红茶［J］．福建茶叶，2020，42（11）：15.

[34] 韩慧恩，黄晓，王彭飞，等．固体速溶茶粉的制备工艺研究［J］．福建茶叶，2020，42（11）：323-324.

[35] 梅莹，黄冲，卜应露．农技推广对茶叶生态种植的影响研究［J］．云南农业大学学报（社会科学），2020，14（06）：62-67.

[36] 陈崇俊，冉莉莎，唐倩，等．闷黄对楮叶齐品种黄小茶品质的影响［J］．食品工业科技，2021，42（09）：51-59.

[37] 彭云，李果，刘学艳，等．不同产地红茶香气品质的 SPME/GC-MS 分析［J］．食品工业科技，2021，42（09）：237-244.

[38] 王奕，罗红玉，袁林颖，等．不同干燥方式对夏季绿茶香气品质的影响［J］．食品工业科技，2021，42（09）：1-9.

[39] 孟慧，曹藩荣．乌龙茶制造技术现状及发展趋势［J］．蚕桑茶叶通讯，2020（05）：23-25.

[40] 饶金平，沈文辉，杨信斌．2019年政和县白茶气候品质分析［J］．农业灾害研究，2020，10（07）：78-79.

[41] 蒋容港，黄燕，金友兰，等．不同原料等级黄茶特征香气成分分析［J/OL］．食品科学：1 - 16［2021 - 05 - 13］．http：//kns.cnki.net/kcms/detail/11.2206.TS.20201015.1400.036.html.

[42] 李丹霞，甘阳英，洪建军．2016—2019 年广东茶叶产业发展形势与对策建议［J］．广东茶业，2020（05）：24-28.

[43] 文海燕．世界茶业经济及发展趋势［J］．新农业，2020（17）：27-28.

[44] 马佳佳．茶叶生产企业的生产成本核算问题及其对策探讨［J］．福建茶叶，2020，42（08）：92-93.

[45] 龙华清．新会小青柑普洱茶的加工原理及其加工方法［J］．广东茶业，2020（04）：9-11.

[46] 冯红钰，莫小燕，罗莲凤，等．金萱茶树品种加工白毫乌龙茶工艺技术探讨［J］．中国热带农业，2020（04）：86-88.

[47] 刘玮．茶叶感官审评方法中存在的若干问题分析［J］．福建茶叶，2020，42（06）：28-29.

[48] 吴咏芳．摊放时间对绿茶品质的影响［J］．蚕桑茶叶通讯，2020（03）：13-16.

[49] 石荣强，温立香，曾玉凤，等．六堡茶品质研究进展［J］．中国茶叶加工，2020（02）：43-47.

[50] 马婉君，马士成，刘春梅，等．六堡茶的化学成分及生物活性研究进展［J］．茶叶科学，2020，40（03）：289-304.

[51] 黄毅彪，胡泽波，林燕萍，等．氮肥减量下缓释肥对乌龙茶鲜叶产量与品质的影响［J］．福建农业学报，2020，35（05）：525-531.

[52] 银飞燕，吴浩人，袁勇，等．5 个茶树品种的红茶适制性及茶叶品质分析［J］．湖南农业科学，2020（04）：58-63.

[53] 张娇，蒋倩倩，张伯言，等．基于 AHP-CRITIC 法正交优选乌甘袋泡茶提取工艺及抗炎作用研究［J］．中草药，2020，51（08）：2177-2184.

[54] 李兰兰，张鹏程，肖文军，等．夏季茶鲜叶加工花香型黄茶的品质变化研究［J］．茶叶通讯，2020，47（01）：82-88.

[55] 林燕萍，黄毅彪．茶叶审评与检验课程教学方法优化与实践［J］．武夷学院学报，2020，39（03）：94-98.

[56] 金桂梅，李昱航，郑向群，等．不同土壤管理与施肥模式对茶园土壤环境及茶叶产量的影响［J］．土壤通报，2020，51（01）：152-158.

［57］刘春，刘胚明．不同栽培模式对秋季茶叶品质影响的研究［J］．云南农业科技，2020（01）：9-13.

［58］辛董董，李东霄，张浩．不同茶类制茶过程中的化学变化［J］．食品研究与开发，2020，41（02）：216-224.

［59］夏代莲，彭莉娜．基于生态理念的茶叶种植技术及有效管理［J］．新农业，2019（24）：38.

［60］何永评．乌龙茶加工工艺及适制品种研究解析［J］．现代食品，2019（23）：69-70+73.

［61］罗龙新．全球速溶茶和茶浓缩汁的生产和应用及发展趋势［J］．中国茶叶加工，2019（04）：5-9+20.

［62］陈文凤，郭雅玲．乌龙茶做青过程中细胞变化研究进展［J］．茶叶通讯，2019，46（03）：263-268.

［63］梁丽云，李静，杨妮，等．不同发酵程度乌龙茶品质研究［J］．茶叶，2019，45（03）：126-130.

［64］项应萍，徐邢燕，刘国英，等．乌龙茶烘焙技术研究进展［J］．亚热带农业研究，2019，15（03）：211-216.

［65］杨庆渝，常汞．中国与斯里兰卡茶叶标准比对分析［J］．标准科学，2019（07）：17-20.

［66］罗源，李适，黄建安，等．湖南黑茶感官审评茶汤制备方法研究［J］．茶叶科学，2019，39（03）：289-296.

［67］李丽华，张晓红，周玉璠．世界红茶风情及制式品类［J］．福建茶叶，2019，41（05）：278-279.

［68］范捷，王秋霜，秦丹丹，等．红茶品质及其相关生化因子研究进展［J］．食品科学，2020，41（03）：246-253.

［69］谢剑威，刘乾刚．以白茶为主要原料的多茶类拼配试验初报［J］．福建茶叶，2019，41（03）：8-10.

［70］刘栩，袁碧枫，潘蓉，等．茶叶审评术语分析与应用实践［J］．中国茶叶，2019，41（02）：35-37+46.

［71］肖力争，刘仲华，李勤．黑茶加工关键技术与产品创新［J］．中国茶叶，2019，41（02）：10-13+16.

［72］徐正刚，吴良，刘石泉，等．黑茶发酵过程中微生物多样性研究进展［J］．生物学杂志，2019，36（03）：92-95.

［73］高杨，李铉军．不同等级茶叶中茶多酚含量的比较［J］．吉林农业，2019（01）：52-53．

［74］胥伟，姜依何，田双红，等．基于色谱-质谱技术分析高湿条件下霉变黑毛茶品质成分变化及真菌毒素残留［J］．食品科学，2019，40（20）：293-298．

［75］张娇，梁壮仙，张拓，等．黄茶加工中主要品质成分的动态变化［J］．食品科学，2019，40（16）：200-205．

［76］叶青青，刘盼盼，汪芳，等．不同产地无糖绿茶饮料滋味特征差异分析［J］．食品科学，2019，40（19）：23-31．

［77］张明露，彭玙舒，尹杰．不同闷黄时间和温度对黄茶品质的影响［J］．耕作与栽培，2018（03）：12-14．

［78］乌普尔·维克拉马辛哈，檀生兰．斯里兰卡的茶产业［J］．中国投资，2018（09）：49-53．

［79］王茹茹，肖孟超，李大祥，等．黑茶品质特征及其健康功效研究进展［J］．茶叶科学，2018，38（02）：113-124．

［80］范培珍，王梦馨，崔林，等．不同等级霍山黄芽茶叶香气成分定性定量分析与评价［J］．热带作物学报，2018，39（03）：595-599．

［81］胡华芳．英国茶文化［J］．福建茶叶，2017，39（12）：438．

［82］郑鹏程，谭荣荣，刘盼盼，等．青砖茶渥堆过程中真菌种类及品质变化研究［J］．食品科技，2017，42（11）：22-26．

［83］林松洲．茶艺与茶叶审评实用技术［J］．南方农业，2017，11（11）：83-84．

［84］李亮科，吕向东．世界茶叶市场发展及其对中国茶叶贸易的影响分析［J］．价格月刊，2017（09）：91-94．

［85］单治国，张春花，周红杰，等．普洱茶膏制作工艺探讨［J］．现代园艺，2017（16）：223-226．

［86］梁晓曦，洪欣，王晓飞，等．六种国内红茶与斯里兰卡红茶重金属溶出特性的比较研究［J］．绿色科技，2017（12）：22-25．

［87］潘斐，刘通讯．酶在普洱茶膏加工工艺中的应用［J］．食品工业科技，2017，38（19）：79-83+95．

［88］张亚，黄亚亚，梁艳，等．黑茶渥堆工艺研究进展［J］．食品与机械，2017，33（03）：216-220．

［89］余洪，吴瑞梅，艾施荣，等．基于 PCA-PSO-LSSVM 的茶叶品质计算机视觉分级研究［J］．激光杂志，2017，38（01）：51-54．

［90］潘玉成，叶乃兴，江福英，等．电子舌在茶叶检测识别中的应用［J］．茶叶科学，2016，36（06）：621-630.

［91］王秋霜，乔小燕，吴华玲，等．斯里兰卡五大区域红茶香气物质的 HS-SPME/GC-MS 研究［J］．食品研究与开发，2016，37（22）：128-133.

［92］徐斌华．茶叶仓储中的物流运作探析［J］．福建茶叶，2016，38（09）：84-85.

［93］刘盼盼，龚自明，高士伟，等．茶叶香气质量评价方法研究进展［J］．湖北农业科学，2016，55（16）：4085-4089+4092.

［94］刘飞，李春华，龚雪蛟，等．高光谱成像技术在茶叶中的应用研究进展［J］．核农学报，2016，30（07）：1386-1394.

［95］周煜．生态条件对茶叶品质的影响［J］．农业与技术，2016，36（08）：119.

［96］Walimuni Kanchana Subhashini Mendis Abeysekera，Chatura Tissa Dayendra Ratnasooriya，Wanigasekara Daya Ratnasooriya，Sirimal Premakumara Galbada Arachchige. Sri Lankan black tea（Camellia sinensis L.）inhibits the methylglyoxal mediated protein glycation and potentiates its reversing activity in vitro［J］. Journal of Coastal Life Medicine，2016，4（2）.

［97］张雪松．现代化数字技术对茶叶种植影响价值研究［J］．福建茶叶，2015，37（06）：32-33.

［98］邢倩倩，李思佳，周红杰，等．浅析专业仓储在普洱茶产业中的地位和作用［J］．保鲜与加工，2015，15（04）：77-80.

［99］曾晓吉．茶叶标准化种植管理对策分析［J］．南方农业，2015，9（18）：146-147.

［100］蔡圆圆．我国茶叶加工技术发展状况及创新趋势［J］．中国高新技术企业，2014（28）：1-3.

［101］汤梦玲，海米梨，易雪峰，等．茶叶茶多酚及维生素 C 含量与储存时间相关性分析［J］．大理学院学报，2014，13（02）：58-60.

［102］肖正东，程鹏，马永春，等．不同种植模式下茶树光合特性、茶芽性状及茶叶化学成分的比较［J］．南京林业大学学报（自然科学版），2011，35（02）：15-19.

［103］赵秀明．日本蒸青绿茶的加工［J］．农村新技术，2010（22）：63-64.

［104］Abeywickrama K R W，Ratnasooriya W D，Amarakoon A M T. Oral diuretic activity of hot water infusion of Sri Lankan black tea（Camellia sinensis L.）in rats.［J］. Pharmacognosy magazine，2010，6（24）.

［105］刘黎，张锡友，胡春学，等．中国绿茶国际市场分析及提升绿茶产业的对策

[J]．蚕桑茶叶通讯，2010（04）：21-23.

[106] 张进华．浅谈如何提高夏秋名优绿茶品质 [J]．蚕桑茶叶通讯，2010（02）：28-29.

[107] 凌彩金，王秋霜，卓敏，等．茶叶审评技术研究进展 [J]．广东农业科学，2010，37（03）：68-71.

[108] 赵玉香，杨秀芳，邹新武，等．茶叶感官审评术语国家标准修订概述 [J]．中国茶叶加工，2008（03）：42-45.

[109] 宋卫东，张龙全，肖宏儒，等．茶叶种植机械现状与发展趋势 [J]．农业装备技术，2008（03）：4-6.

[110] 赵爱凤，于国锋，刘晓艳，等．电子鼻、电子舌在茶叶审评中的应用[J]．福建农机，2007（03）：23-26+7.

[111] 师大亮，郭敏明．提高夏秋名优绿茶品质的技术措施 [J]．浙江农业科学，2006（06）：710-711.

[112] 赵爱凤，于国锋，金心怡．新技术在茶叶审评中的应用 [J]．福建农机，2006（03）：41-43.

[113] 古能平．对提高茶叶感官审评准确度的几点认识 [J]．广西农业科学，2005（03）：266-268.

[114] 卢福娣．浅谈评茶术语及运用 [J]．茶业通报，2002（04）：36-39.

[115] 刘乾刚，林智，蔡建明．乌龙茶制造与品质形成的化学机理 [J]．福建农林大学学报（自然科学版），2002（03）：347-351.

[116] 王汉生．我国红碎茶与斯里兰卡红碎茶比较分析 [J]．茶叶科学，1997（02）：48-52.

[117] 戴素贤，谢赤军，陈栋，等．岭头单枞乌龙茶香气及化学组成特征 [J]．茶叶科学，1997（02）：54-59.

[118] 汪春园，荣光明．茶叶品质与海拔高度及其生态因子的关系 [J]．生态学杂志，1996（01）：57-60.

[119] 赵和涛．台湾茶叶化学研究新进展 [J]．台湾农业情况，1994（02）：17-19.

[120] 沈培和，刘栩．评茶术语的分类 [J]．中国茶叶，1993（06）：2-3.

[121] 谭淑宜，曾晓雄，罗泽民．提高速溶茶品质的研究 Ⅰ．酶法提取 [J]．湖南农学院学报，1991（04）：708-713.

[122] 舒庆龄，赵和涛．不同茶园生态环境对茶树生育及茶叶品质的影响 [J]．生态学杂志，1990（02）：15-19.

［123］王钟音. 改进茶叶审评方法之管见［J］. 中国茶叶，1986（06）：2-3.

［124］姚国坤，葛铁钧. 茶树密植对茶叶产量、品质及茶园生态的影响［J］. 茶叶科学，1986（01）：21-28.

［125］Mohammed R. Ullah，Jinesh C. Jain，陈震古. 茶叶绿原酸（Chlorgenic acid）含量的季节变化与品质关系［J］. 茶业通报，1981（S1）：36-38.

［126］杨丰. 政和白茶（第二版）［M］. 北京：中国农业出版社，2017.

［127］陈宗懋，俞永明，梁国彪，等. 品茶图鉴［M］. 南京：译林出版社，2019.

［128］施兆鹏，黄建安. 茶叶审评与检验（第四版）［M］. 北京：中国农业出版社，2010.

［129］刘展良，伍锡岳，吴晓蓉，等. 茶叶品质化学［M］. 北京：中国商业出版社，2021.

［130］邓永球等. 评茶员内部资料，2015 年 1 月.

［131］邓永球等. 高级评茶师内部资料，2016 年 1 月.

国家职业技能标准

职业编码：6-02-06-11

评茶员

（2019 年版）

中华人民共和国人力资源和社会保障部
中华全国供销总社制定

说　明

为规范从业者的从业行为，引导职业教育培训的方向，为职业技能鉴定提供依据，依据《中华人民共和国劳动法》，适应经济社会发展和科技进步的客观需要，立足培育工匠精神和精益求精的敬业风气，人力资源和社会保障部联合中华全国供销合作总社职业技能鉴定指导中心组织有关专家，制定了《评茶员国家职业技能标准（2019 年版）》（以下简称《标准》）。

一、本《标准》以《中华人民共和国职业分类大典（2015 年版）》为依据，严格按照《国家职业技能标准编制技术规程（2018 年版）》有关要求，以"职业活动为导向、职业技能为核心"为指导思想，对评茶员从业人员的职业活动内容进行规范细致描述，对各等级从业者的技能水平和理论知识水平进行了明确规定。

二、本《标准》依据有关规定将本职业分为五级/初级工、四级/中级工、三级/高级工、二级/技师/技师和一级/高级技师五个等级，包括职业概况、基本要求、工作要求和权重表四个方面的内容。本次修订内容主要有以下变化：

——基础知识 2.2.3 第 1 至第 4 项调整为"（1）评茶基本功"，"（2）茶叶品质、等级的判定"两项；2.2.8 增加了"（6）《中华人民共和国商标法》"，"（7）《中华人民共和国知识产权法》"，"（8）《中华人民共和国食品安全法》"三项。

—— 对五级/初级工至二级/技师/技师的职业功能 1. 改为"样品管理"，对相应的工作内容和技能要求作了调整。

——对一级/高级技师中的职业功能 3. 改为"感官审评与检验技术的研究与创新"，对工作内容、技能要求及相关知识要求作了修改。

——权重表中的"样品接收"改为"样品管理"，对理论知识和技能要求权重表中各项目的权重作了调整。

三、本《标准》起草单位有：中华全国供销合作总社杭州茶叶研究院、中国茶叶流通协会、广东省电子商务技师学院、中华全国供销合作总社职业技能鉴定指导中心。主要起草人有：赵玉香、刘亚峰、金阳、杨秀芳、申卫伟、胡小苏、杨荣、徐恒玫、梁生明、朱雪松、刘一新。

四、本《标准》主要审定单位有：广东省供销合作社、湖南农业大学、安徽农业大学、云南农业大学、华南农业大学、中华茶人联谊会、天津市茶叶学会、

陕西省文化产业研究会、安徽省祁门红茶发展有限公司、北京张一元茶叶有限责任公司、浙江省茶叶集团股份有限公司、浙江农业商贸职业学院、河南信阳农林学院。审定人

员有：危赛明、王昶、陈栋、张士康、黄建安、胡民强、毛立民、郝连奇、郭桂义、周红杰、谭新东、戴前颖、姜永清、王秀兰。

五、本《标准》在制定过程中，得到人力资源和社会保障部职业技能鉴定中心荣庆华、葛恒双、宋晶梅，安徽省祁门红茶发展有限公司茶叶审评专家王昶的指导和大力支持，在此一并表示感谢。

六、本《标准》业经人力资源和社会保障部、中华全国供销合作总社批准，自公布之日起施行。

评茶员
国家职业技能标准
（2019 年版）

1 职业概况

1.1 职业名称

评茶员。

1.2 职业编码

6-02-06-11。

1.3 职业定义

运用感官评定茶叶色、香、味、形的品质及等级的人员。

1.4 职业技能等级

本职业共设五个等级，分别为：五级/初级工、四级/中级工、三级/高级工、二级/技师/技师、一级/高级技师。

1.5 职业环境条件

室内，常温。

1.6 职业能力特征

视觉、嗅觉、味觉、触觉等感觉器官功能良好，有一定的学习能力和语言表达能力。

1.7 普通受教育程度

初中毕业（或相当文化程度）。

1.8 职业技能鉴定要求

1.8.1 申报条件

具备以下条件之一者，可申报五级/初级工：

（1）累计从事本职业或相关职业①工作 1 年（含）以上。

（2）本职业或相关职业学徒期满。

具备以下条件之一者，可申报四级/中级工：

---

① 相关职业：茶叶加工工、茶艺师，下同。

（1）取得本职业或相关职业五级/初级工职业资格证书（技能等级证书）后，累计从事本职业或相关职业工作4年（含）以上。

（2）累计从事本职业或相关职业工作6年（含）以上。

（3）取得技工学校本专业或相关专业毕业证书（含尚未取得毕业证书的在校应届毕业生）；或取得经评估论证、以中级技能为培养目标的中等及以上职业学校本专业或相关专业毕业证书（含尚未取得毕业证书的在校应届毕业生）。

具备以下条件之一者，可申报三级/高级工：

（1）取得本职业四级/中级工职业资格证书（技能等级证书）后，累计从事本职业或相关职业工作5年（含）以上。

（2）取得本职业四级/中级工职业资格证书（技能等级证书），并具有高级技工学校、技师学院毕业证书（含尚未取得毕业证书的在校应届毕业生）；或取得本职业或相关职业四级/中级工职业资格证书（技能等级证书），并具有经评估论证、以高级技能为培养目标的高等职业学校本专业毕业证书（含尚未取得毕业证书的在校应届毕业生）。

（3）具有大专及以上本专业或相关专业毕业证书，并取得本职业或相关职业四级/中级工职业资格证书（技能等级证书）后，累计从事本职业或相关职业工作2年（含）以上。

相关职业：茶叶加工工、茶艺师，下同。

本专业：茶学、茶树栽培与茶叶加工，下同。

相关专业：机械制茶、茶艺与茶叶营销、茶艺与贸易等与茶相关的专业，下同。

具备以下条件之一者，可申报二级/技师/技师：

（1）取得本职业三级/高级工职业资格证书（技能等级证书）后，累计从事本职业或相关职业工作4年（含）以上。

（2）取得本职业三级/高级工职业资格证书（技能等级证书）的高级技工学校、技师学院毕业生，累计从事本职业或相关职业工作3年（含）以上；或取得本职业或相关职业预备技师证书的技师学院毕业生，累计从事本职业或相关职业工作2年（含）以上。

具备以下条件者，可申报一级/高级技师：

取得本职业二级/技师职业资格证书（技能等级证书）后，累计从事本职业或相关职业工作4年（含）以上。

1.8.2　鉴定方式

分理论知识考试、技能考核以及综合评审。理论知识考试以笔试、机考等方式为主，主要考核从业人员从事本职业应掌握的基本要求和相关知识要求；技能考试主要采取现场操作、模拟操作等方式进行，主要考核从业人员从事本职业应具备的技能水平；综合评审主要针对技师和高级技师，通常采取审阅申报材料、答辩等方式进行全面评议和审查。

理论考试成绩、技能考核和综合评审实行百分制，成绩皆达 60 分（含）以上者为合格。

1.8.3　监考人员、考评人员与考生配比

理论知识考试监考人员与考生比不低于 1∶15，且每个考场不少于 2 名监考人员；

技能操作考核考评员与考生配比 1∶10，且考评人员为 3 人（含）以上单数。

综合评审委员为 3 人（含）以上单数。

1.8.4　鉴定时间

理论知识考试时间：五级/初级工、四级/中级工、三级/高级不少于 120min，二级/技师/技师、一级/高级技师不少于 150min；技能操作考核时间：五级/初级工、四级/中级工不少于 60min；三级/高级工不少于 90min，二级/技师/技师、一级/高级技师不少于 120min；综合评审时间不少于 60min。

1.8.5　鉴定场所设备

技能操作考核场地须符合 GB/T 18797《茶叶感官审评室基本条件》要求，具备必需的审评场地、设施和器具，并需符合 GB/T 23776《茶叶感官审评方法》的要求。

具体审评场地、设施和器具如下：审评室面积不小于 10m²，采光以自然光为主，宜坐南朝北，北向开窗（以人造光源采光的除外），室内色调应选择中性色，以白色、浅灰色及灰色为主；干评台（台面黑色亚光）、湿评台（台面白色亚光）；柱形审评杯（150ml 或 250ml）和盖碗（110ml）及与之相匹配的审评碗、分样盘、评茶盘、叶底盘、称量用具、计时器等用具。

2　基本要求

2.1　职业道德

2.1.1　职业道德基本知识

2.1.2　职业守则

（1）忠于职守，爱岗敬业。

（2）科学严谨，客观公正。

（3）注重调查，实事求是。

（4）团结协作，不断进取。

（5）遵纪守法，讲究公德。

2.2　基础知识

2.2.1　茶叶产区、分类及品质特征

（1）茶叶产区分布。

（2）茶叶分类及各茶类基本加工工艺流程。

（3）各茶类不同品质特征形成的关键加工工序。

2.2.2　茶叶感官审评基础知识

（1）茶叶感官审评室的环境要求。

（2）茶叶感官审评设施和器具的规格要求。

（3）茶叶感官审评人员感官生理基本要求。

（4）茶叶实物标准样的定义及等级的设置。

（5）不同茶类审评方法。

2.2.3　茶叶感官审评技术知识

（1）评茶基本功。

1）分样、摇盘、收盘。

2）扦样、开汤。

3）双杯找对。

4）评茶术语的应用。

（2）茶叶等级、品质的判定。

1）对样评茶知识。

2）茶叶等级的判定。

3）茶叶品质优劣的判定。

2.2.4　茶叶标准知识

（1）茶叶产品标准及检验方法标准的相关知识。

（2）茶叶质量的国家强制性标准的相关知识。

2.2.5　茶叶包装标识的基本知识

2.2.6　称量器具使用的基本知识

（1）天平的使用。

（2）其他称量器具的使用。

2.2.7　安全知识

（1）实验室安全操作规范。

（2）安全用电规范。

（3）防火防爆操作规范与安全知识。

2.2.8　有关法律、法规知识

（1）《中华人民共和国劳动法》相关知识。

（2）《中华人民共和国劳动合同法》相关知识。

（3）《中华人民共和国消费者权益保护法》相关知识。

（4）《中华人民共和国标准化法》相关知识。

（5）《中华人民共和国产品质量法》相关知识。

（6）《中华人民共和国商标法》相关知识。

（7）《中华人民共和国知识产权法》相关知识。

（8）《中华人民共和国食品安全法》相关知识。

3 工作要求

本标准对五级/初级工、四级/中级工、三级/高级工、二级/技师/技师、一级/高级技师的技能要求和相关知识要求依次递进，高级别涵盖低级别的要求。

3.1 五级/初级工

职业功能	工作内容	技能要求	相关知识要求
1. 样品管理	1.1 样品信息采集	1.1.1 能做好样品规格、茶叶品类、数量等信息登记 1.1.2 能按照统一格式对样品进行编号 1.1.3 能根据无包装样品的外观、色泽等初步判别茶类	1.1.1 茶叶包装标识知识 1.1.2 茶叶分类知识
	1.2 样品归类存放及标准的选择	1.2.1 能根据样品的包装标识确定所属的基本茶类 1.2.2 能按照样品所属的基本茶类选择适用的文字标准及实物标准样 1.2.3 能按不同的茶类选择相应的存放环境	1.2.1 我国茶叶标准知识 1.2.2 茶叶贮存保质知识
2. 茶叶感官审评准备	2.1 茶叶感官审评设施、用具准备	2.1.1 能按茶叶感官审评要求清洁审评室 2.1.2 能按茶叶感官审评要求准备设施 2.1.3 能准备茶叶感官审评器具，并按顺序编号 2.1.4 能根据安全用电和实验室防火防爆要求检查审评室	2.1.1 茶叶感官审评室环境的要求 2.1.2 干评台、湿评台、茶具的规格要求 2.1.3 安全用电和安全操作规程
	2.2 相关标准准备	2.2.1 能根据茶样选择相应产品的文字标准（企业标准） 2.2.2 根据产品标准准备实物标准样或实物参考样	2.2.1 实物标准样的定义 2.2.2 实物标准样设置等级依据

职业功能	工作内容	技能要求	相关知识要求
3. 感官品质评定	3.1 分样	3.1.1 能用四分法缩分茶样至所需数量 3.1.2 将缩分茶样进行编码并置于评茶盘中	3.1.1 分样程序 3.1.2 分样方法
	3.2 干看外形	3.2.1 摇盘时茶叶在盘中能回旋筛转，收盘后上、中、下三段茶层次分明 3.2.2 能评比形状的粗细、长短、松紧、身骨轻重 3.2.3 能评比紧压茶个体的形状规格、匀整度、松紧度及里茶、面茶 3.2.4 能评比面张、中段、下段三档比例是否匀称 3.2.5 能评比色泽的鲜陈、润枯、匀杂 3.2.6 能评比茶类及非茶类夹杂物的含量情况	3.2.1 摇盘、收盘的基本手法和要点 3.2.2 不同茶类基本品质特征及外形审评方法
	3.3 湿评内质	3.3.1 能进行匀样、称样，并按编码顺序置入茶叶审评杯中 3.3.2 能确定相应的杯碗器具、茶水比例、冲泡时间和水温 3.3.3 能按审评要求看汤色、嗅香气、尝滋味和看叶底 3.3.4 能区别汤色的深浅、明暗、清浊 3.3.5 能辨别陈、霉、焦、烟、异等不正常气味 3.3.6 能辨别叶底的嫩度（或成熟度）、匀度、色泽	3.3.1 称量器具使用基本知识 3.3.2 称样的基本常识 3.3.3 不同茶类内质审评方法
	3.4 品质记录	3.4.1 能按茶叶感官审评程序记录品质情况 3.4.2 能使用茶叶感官审评术语描述常见某一茶类的主要品质特征	3.4.1 品质记录表的使用知识 3.4.2 茶叶感官审评术语中通用术语运用知识
4. 综合评定	4.1 记录汇总	4.1.1 能根据品质记录对各品质因子情况进行汇总 4.1.2 能识别劣变茶、次品茶、真假茶	4.1.1 劣变茶的识别知识 4.1.2 次品茶的识别知识 4.1.3 真假茶的识别知识
	4.2 结果计算及判定	4.2.1 能根据各项因子分数计算总分 4.2.2 能对照茶叶实物标准样对某一类茶叶的外形、内质进行定级	4.2.1 对样评茶知识 4.2.2 品质计分方法 4.2.3 初制茶等级判定原则

3.2 四级/中级工

职业功能	工作内容	技能要求	相关知识要求
1. 样品管理	1.1 取样	1.1.1 能按茶叶取样的操作规程，从大堆样中扦取具有代表性的试样 1.1.2 能根据茶样外形特征判定所用标准是否适当	1.1.1 茶取样标准知识 1.1.2 各茶类产品检验知识
	1.2 包装分析	1.2.1 能分析茶样包装标签是否符合食品标签标准要求 1.2.2 能提出茶叶包装改进的建议	1.2.1 预包装食品标签标准知识 1.2.2 茶叶包装材料与茶叶品质保持的知识
2. 茶叶感官审评准备	2.1 茶叶感官审评设施、用具准备	2.1.1 能根据天气变化做好审评室内光照、温湿度的调节，使其符合茶叶审评要求 2.1.2 能做好茶叶感官审评设施的维护、保养工作	2.1.1 茶叶感官审评室内光照温湿度的要求 2.1.2 茶叶感官审评设施的维护、保养知识
	2.2 标准样准备	2.2.1 能根据相关茶类准备相应的文字标准（企业、国家、行业或地方标准） 2.2.2 能准备相应的实物标准样或参考样（企业、国家、行业或地方标准）	2.2.1 不同茶类的国家、企业、行业或地方标准的知识 2.2.2 不同茶类实物标准样或参考样总体品质水平的设置知识
3. 感官品质评定	3.1 分样	3.1.1 能根据不同茶类选择相应的分样方法 3.1.2 能按照操作规程准确均匀缩分茶样	3.1.1 不同茶类的分样方法及操作规程知识
	3.2 干看外形	3.2.1 能评定六大茶类中某一大茶类的初、精制茶及再加工茶外形各因子及不同级别的品质特征 3.2.2 能分析该茶类外形各因子品质不足之处	3.2.1 不同茶类的初、精制加工工艺知识 3.2.2 不同茶类不同级别的外形各因子品质特征知识
	3.3 湿评内质	3.3.1 能评定六大茶类中某一大茶类的初、精制茶及再加工茶内质各因子 3.3.2 能辨别不同级别的香气类型、高低、浓淡和醇异 3.3.3 能辨别不同级别的滋味浓淡、强弱、鲜陈 3.3.4 能辨别不同级别的叶底特征	3.3.1 不同茶类不同级别的内质各因子品质特征知识
	3.4 品质记录	3.4.1 能使用相关茶类的感官审评术语描述该茶类不同级别的外形、内质各因子的品质特征 3.4.2 能对照实物标准样或成交样，按相关茶类品质评分要求对外形内质各因子进行评分	3.4.1 等级评语的运用知识 3.4.2 等级评分方法

职业功能	工作内容	技能要求	相关知识要求
4. 综合评定	4.1 记录汇总	4.1.1 能根据适用的文字标准,对照品质记录表,对各品质因子情况进行汇总分析 4.1.2 能根据外形、内质各因子的品质评分情况,按该茶类各因子的权数比例计算总分	4.1.1 对样评语的运用知识 4.1.2 不同茶类品质因子权数分配知识
	4.2 结果计算及判定	4.2.1 能对照实物标准样对六大茶类中某一大茶类的初、精制茶及再加工茶进行定级 4.2.2 能根据总分判定相关茶类各品质因子与标准的差距	4.2.1 不同茶类精制茶、再加工茶的种类与名称知识 4.2.2 对样评分方法

3.3 三级/高级工

职业功能	工作内容	技能要求	相关知识要求
1. 样品管理	1.1 分类、保管	1.1.1 能指导五级/初级工、四级/中级工分清茶样类别,确定所用标准是否合理 1.1.2 能根据茶类的不同特性保管好样品	1.1.1 茶叶陈化变质的原理 1.1.2 茶叶贮存保鲜的方法
	1.2 包装分析	1.2.1 能指导五级/初级工、四级/中级工对茶叶包装进行深入分析 1.2.2 能对茶叶包装不足之处提出指导性的改进意见	1.2.1 茶叶品质检验项目知识 1.2.2 限制商品过度包装知识
2. 茶叶感官审评准备	2.1 茶叶感官审评环境、设施的准备	2.1.1 能根据气候变化、人体状态做好审评室内色调、采光、噪声、温湿度等各项指标的调节和控制 2.1.2 能指导五级/初级工、四级/中级工做好茶叶审评设施、器具的准备和保养工作	2.1.1 茶叶感官审评室基本条件的标准 2.1.2 人体状态与感官灵敏度的相关性知识
	2.2 标准样准备	2.2.1 能根据相关茶类的生产加工情况和市场销售质量水平选留实物参考样 2.2.2 能根据相应的文字标准或实物标准样确定相应级别实物参考样	2.2.1 不同茶类市场参考样的选取知识 2.2.2 市场调研知识
3. 感官品质评定	3.1 干看外形	3.1.1 能评定六大茶类中三大茶类的初、精制茶及再加工茶的外形各因子及不同级别的品质特征 3.1.2 能找出相关茶类外形各因子中存在的品质弊病	3.1.1 大宗茶与名优茶的形态异同知识 3.1.2 相关茶类的再加工茶加工工艺知识

职业功能	工作内容	技能要求	相关知识要求
3. 感官品质评定	3.2 湿评内质	3.2.1 能按照内质审评操作要领在相同的条件下进行不同个体样品的内质评定，减少误差 3.2.2 能评定六大茶类中三大茶类的初、精制茶及再加工茶内质各因子及不同级别的品质特征 3.2.3 能找出相关茶类内质各因子中存在的品质弊病	3.2.1 茶叶内质审评中误差的控制知识 3.2.2 大宗茶与名优茶的内质异同知识
	3.3 品质记录	3.3.1 能使用茶叶感官审评术语描述六大茶类中三大茶类的初、精制茶及再加工茶的品质情况及存在的品质弊病 3.3.2 能按不同茶类审评方法的差异设计品质记录表	3.3.1 茶叶感官审评术语标准知识 3.3.2 茶叶外形、内质各因子之间的相互关系知识
4. 综合评定	4.1 记录汇总	4.1.1 能综合评定六大茶类中三大茶类的初、精制茶及再加工茶外形、内质各因子 4.1.2 能评定六大茶类中三大茶类的初、精制茶及再加工茶与实物标准样之间的差距，并对各因子分别进行评比计分	4.1.1 精制茶及再加工茶等级的设置原则及评定
	4.2 结果计算及判定	4.2.1 能对照实物标准样对六大茶类中三大茶类的初、精制茶及再加工茶进行定级，误差不超过正负1/2个级 4.2.2 能按七档制法对精制茶各因子评比、计分，并按总分判定其高于或低于实物标准样或成交样，误差在正负3分（含）以内	4.2.1 精制茶及再加工茶等级判定知识

3.4 二级/技师/技师

职业功能	工作内容	技能要求	相关知识要求
1. 样品管理	1.1 指导接样	1.1.1 能指导三级/高级工及以下级别人员进行扦样、分样、制样及样品的登记和保管 1.1.2 能解决样品管理中存在的问题	1.1.1 样品管理工作流程及岗位制度
	1.2 咨询策划	1.2.1 能对茶叶包装与质量相关的问题提供咨询 1.2.2 能策划符合国家有关食品安全及标签标识等要求的包装方案	1.2.1 食品安全、包装与标签标识知识

职业功能	工作内容	技能要求	相关知识要求
2. 感官品质评定	2.1 干看外形	2.1.1 能运用不同茶类的外形各因子的审评技术分析六大茶类的初、精制茶及再加工茶不同级别的外形品质特征 2.1.2 能分析各茶类中外形品质弊病的产生原因并提出改进措施	2.1.1 茶叶加工工艺特点与茶叶品质形成的关系知识
	2.2 湿评内质	2.2.1 能运用不同茶类的内质各因子审评技术分辨六大茶类的初、精制茶及再加工茶不同产区、品种、季节、级别等品质特征 2.2.2 能分析各茶类内质品质弊病的产生原因并提出改进措施 2.2.3 能指导三级/高级工及以下级别人员正确辨别不同品质类型的内质差异	2.2.1 不同茶树品种、产区的茶叶特征形成的相关知识 2.2.2 不同季节的茶叶特征知识
	2.3 品质记录	2.3.1 能准确运用茶叶感官审评术语描述六大茶类初、精制茶及再加工茶的品质情况及优缺点 2.3.2 能指导三级/高级工及以下级别人员准确、规范使用评茶术语 2.3.3 能指导三级/高级工及以下级别人员按各茶类品质评定要求设计品质记录表，并能完整表现各因子的总体品质情况	2.3.1 品质记录表的制作与设计要求知识
3. 综合评定	3.1 汇总设计	3.1.1 能综合评定六大茶类的初、精制茶及再加工茶外形、内质各因子，指出总体品质与标准样或成交样的差距 3.1.2 能针对茶叶加工品质缺陷，提出加工工艺改进措施 3.1.3 能针对茶叶贮存品质缺陷提出有效的贮存保鲜措施 3.1.4 能根据原料品质情况和市场消费水平制订合理的茶叶拼配方案	3.1.1 茶叶加工工艺与加工机械的性能知识 3.1.2 茶叶拼配技术及相关知识
	3.2 结果计算及判定	3.2.1 能对六大茶类的初、精制茶及再加工茶定级，误差不超过正负 1/3 个级 3.2.2 能按七档制法对不同茶类精制茶各因子评比、计分，并按总分判定其高于或低于实物标准样或成交样，误差在正负 2 分（含）以内	3.2.1 精制茶品质综合判定的原则

职业功能	工作内容	技能要求	相关知识要求
4. 培训指导	4.1 培训	4.1.1 能根据职业标准和教学大纲的要求编写三级/高级工及以下级别人员教学计划 4.1.2 能根据教学计划对三级/高级工及以下级别人员进行授课	4.1.1 教学计划编写的相关知识
	4.2 指导	4.2.1 能指导三级/高级工及以下级别人员开展日常工作 4.2.2 能指导三级/高级工及以下级别人员的技能训练	4.2.1 生产、实习教学方法
5. 组织管理	5.1 实物标准样制备及定价	5.1.1 能根据生产和市场情况及历年茶叶等级的设置水平制备实物标准样 5.1.2 能根据茶叶市场价格、生产情况及结合茶类的生产成本合理定价	5.1.1 实物标准样的制备知识 5.1.2 市场营销知识
	5.2 技术更新	5.2.1 能搜集国内外有关茶叶生产的新技术信息 5.2.2 能运用新技术、新方法评鉴茶叶产品质量	5.2.1 国内外茶叶科技动态知识 5.2.2 信息的收集整理知识

3.5 一级/高级技师

职业功能	工作内容	技能要求	相关知识要求
1. 感官品质评定	1.1 干看外形	1.1.1 能运用茶树品种学、制茶学、生理生态学知识分析不同茶类外形品质的形成原因 1.1.2 能运用茶树栽培技术、生产加工基础理论分析名优茶类特殊品质的形成原因 1.1.3 能分析历史文化对茶叶市场知名度的影响	1.1.1 茶树品种与制茶工艺对品质的影响知识 1.1.2 茶树栽培、生态环境、生产技术与品质关系的知识 1.1.3 茶叶历史文化对市场知名度影响的知识
	1.2 湿评内质	1.2.1 能运用茶叶感官审评理论知识分析不同茶类内质审评的技术要点及品质形成的机理 1.2.2 能运用茶叶生物化学知识分析品质特征及品质弊病的形成原因与改进措施	1.2.1 茶叶主要内含成分对品质的影响知识

职业功能	工作内容	技能要求	相关知识要求
2. 综合评定	2.1 品质判定的审核	2.1.1 能审核二级/技师/技师及以下评茶员对初、精制茶及再加工茶的定级及品质合格率的准确性判定 2.1.2 能纠正二级/技师及以下评茶员对品质综合判定中的误差	2.1.1 审核的基本程序
	2.2 疑难问题的处理	2.2.1 能分析疑难茶样的品质问题并准确合理地进行判定 2.2.2 能解决制茶工艺中影响品质的技术难题	2.2.1 国内外茶叶加工的新技术知识 2.2.2 不同的制茶工艺对同一品种及相同的制茶工艺对不同品种品质影响的研究知识
3. 感官审评与检验技术的研究与创新	3.1 茶叶感官审评方法的研究与设计	3.1.1 能根据实际需要选择合适的感官分析技术方法 3.1.2 能根据茶叶感官审评的特点建立符合国家标准要求的茶叶感官审评室	3.1.1 建立感官分析实验室的一般导则标准知识 3.1.2 国内外茶叶感官审评室及感官审评方法的知识
	3.2 茶叶感官审评技术的研究与完善	3.2.1 能结合不同茶类的冲泡条件对茶叶品质的影响程度进行深入研究 3.2.2 能运用国内外茶叶审评与检验的新方法、新技术不断完善现有的各茶类审评方法和技术	3.2.1 国内外审评与检验的新方法、新技术知识 3.2.2 茶叶科学研究的前沿知识
4. 培训指导	4.1 培训	4.1.1 能独立承担二级/技师及以下评茶员的教学培训工作 4.1.2 能编写二级/技师及以下评茶员的培训大纲、计划和教案	4.1.1 教育学知识 4.1.2 教案的编写要求知识
	4.2 指导	4.2.1 能指导二级/技师及以下评茶员以最佳生理状态准确评定香气、滋味各因子 4.2.2 能指导二级/技师及以下评茶员运用茶叶生物化学知识分析各茶类不同品质特征的形成原因	4.2.1 食品风味化学相关知识
5. 组织管理	5.1 技术更新	5.1.1 能参与茶叶新产品、新工艺的研究 5.1.2 能提供新技术培训、技术交流、技能竞赛活动等技术支持	5.1.1 茶叶新产品、新工艺研究进展知识 5.1.2 技术培训、技术交流和技能竞赛组织实施知识

职业功能	工作内容	技能要求	相关知识要求
	5.2 质量管理	5.2.1 能按照企业的标准化管理体系指导生产、销售企业规范质量体系 5.2.2 能参与企业标准制定，并对有关茶叶产品、茶叶检验方法的国家、行业、地方标准的制定与修订提出意见	5.2.1 企业标准化管理体系知识 5.2.2 产品质量法知识 5.2.3 标准的制定与修订方法知识
	5.3 成本核算	5.3.1 能对原料和加工成本进行核算 5.3.2 能制定茶叶拼配方案及加工技术措施，提高综合效益	5.3.1 茶叶成本核算基础知识 5.3.2 茶叶拼配及加工技术方案制订要求知识

4 权重表

4.1 理论知识权重表

项目	技能等级	五级/初级工（%）	四级/中级工（%）	三级/高级工（%）	二级/技师/技师（%）	一级/高级技师（%）
基本要求	职业道德	5	5	5	5	5
	基础知识	25	20	15	10	5
相关知识要求	样品管理	10	5	5	5	—
	茶叶感官审评准备	15	15	10	—	—
	感官品质评定	30	35	40	35	20
	综合评定	15	20	25	30	30
	感官审评与检验技术的研究与创新	—	—	—	—	15
	培训指导	—	—	—	10	15
	组织管理	—	—	—	5	10
合计		100	100	100	100	100

4.2 技能要求权重表

项目	技能等级	五级/初级工（%）	四级/中级工（%）	三级/高级工（%）	二级/技师/技师（%）	一级/高级技师（%）
技能要求	样品管理	10	10	5	5	—
	茶叶感官审评准备	20	15	15	—	—

技能等级 项目	五级／初级工 (%)	四级／中级工 (%)	三级／高级工 (%)	二级／技师／技师 (%)	一级／高级技师 (%)
感官品质评定	50	40	40	40	30
综合评定	20	35	40	35	35
感官审评与检验 技术的研究与创新	—	—	—	—	10
培训指导	—	—	—	15	15
组织管理	—	—	—	5	10
合计	100	100	100	100	100

附录二：精选国家标准等级评语参考

I 武夷岩茶
（GB/T 18745-2006）

表1 茶青质量分级

等级	质量要求
一级	合格的茶青质量占茶青总质量≥90%
二级	合格的茶青质量占茶青总质量≥80%
三级	合格的茶青质量占茶青总质量≥70%

表2 大红袍产品感官品质

项目		级别		
		特级	一级	二级
外形	条索	紧结，壮实，稍扭曲	紧结，壮实	紧结，较壮实
	色泽	带宝色油润	稍带宝色油润	油润红点明显
	整碎	匀整	匀整	较匀整
	净度	洁净	洁净	洁净
内质	香气	锐浓长或幽长清远	浓长或幽长清远	幽长
	滋味	岩韵明显、醇厚、回味甘爽、杯底有余香	岩韵显、醇厚、回甘快、杯底有余香	岩韵明、较醇厚、回甘、杯底有余香
	汤色	清澈、艳丽、呈深橙黄色	较清澈、艳丽、呈深橙黄色	金黄清澈、明亮
	叶底	软亮匀齐、红边或带朱砂色	较软亮匀齐、红边或带朱砂色	较软亮、较匀齐、红边较显

表3 名丛产品感官品质

项目		要求
外形	条索	紧结、壮实
	色泽	较带宝色或油润
	整碎	匀整
内质	香气	较锐、浓长或幽、清远
	滋味	岩韵明显、醇厚、回甘快、杯底有余香
	汤色	清澈艳丽、呈深橙黄色
	叶底	叶片软亮匀齐，红边或带朱砂色

表4 肉桂产品感官品质

<table>
<tr><th rowspan="2">项目</th><th colspan="3">级　别</th></tr>
<tr><th>特级</th><th>一级</th><th>二级</th></tr>
<tr><td rowspan="4">外形</td><td>条索</td><td>肥壮紧结、沉重</td><td>较肥壮紧结、沉重</td><td>尚结实、卷曲、稍沉重</td></tr>
<tr><td>色泽</td><td>油润、砂绿明、红点明显</td><td>油润、砂绿较明、红点较明显</td><td>乌润、稍带褐红色、褐绿</td></tr>
<tr><td>整碎</td><td>匀整</td><td>较匀整</td><td>尚匀整</td></tr>
<tr><td>净度</td><td>洁净</td><td>较洁净</td><td>尚洁净</td></tr>
<tr><td rowspan="4">内质</td><td>香气</td><td>浓郁持久、似有乳香或蜜桃香或桂皮香</td><td>清高幽长</td><td>清香</td></tr>
<tr><td>滋味</td><td>醇厚鲜爽、岩韵明显</td><td>醇厚尚鲜、岩韵明</td><td>醇和、岩韵略显</td></tr>
<tr><td>汤色</td><td>金黄清澈明亮</td><td>橙黄清澈</td><td>橙黄略深</td></tr>
<tr><td>叶底</td><td>肥厚软亮、匀齐红边明显</td><td>软亮匀齐、红边明显</td><td>红边、欠匀</td></tr>
</table>

表5 水仙产品感官品质

<table>
<tr><th rowspan="2">项　目</th><th colspan="4">级　别</th></tr>
<tr><th>特级</th><th>一级</th><th>二级</th><th>三级</th></tr>
<tr><td rowspan="4">外形</td><td>条索</td><td>壮实</td><td>壮实</td><td>壮实</td><td>尚壮实</td></tr>
<tr><td>色泽</td><td>油润</td><td>尚油润</td><td>稍带褐色</td><td>褐色</td></tr>
<tr><td>整碎</td><td>匀整</td><td>匀整</td><td>较匀整</td><td>尚匀整</td></tr>
<tr><td>净度</td><td>洁净</td><td>洁净</td><td>较洁净</td><td>尚洁净</td></tr>
<tr><td rowspan="4">内质</td><td>香气</td><td>浓郁鲜锐、特征明显</td><td>清香特征显</td><td>尚清醇，特征尚显</td><td>特征稍显</td></tr>
<tr><td>滋味</td><td>浓爽鲜锐、品种特征显露岩韵明显</td><td>醇厚品种特征明显岩韵明</td><td>较醇厚、品种特征尚显岩韵尚明</td><td>浓厚，具品种特征</td></tr>
<tr><td>汤色</td><td>金黄清澈</td><td>金黄</td><td>橙黄稍深</td><td>深黄泛红</td></tr>
<tr><td>叶底</td><td>肥嫩软亮、红边鲜艳</td><td>肥厚软亮、红边明显</td><td>软亮、红边尚显</td><td>软亮、红边欠匀</td></tr>
</table>

表6 奇种产品感官品质

<table>
<tr><th rowspan="2">项　目</th><th colspan="4">级　别</th></tr>
<tr><th>特级</th><th>一级</th><th>二级</th><th>三级</th></tr>
<tr><td rowspan="4">外形</td><td>条索</td><td>紧结重实</td><td>结实</td><td>尚结实</td><td>尚壮实</td></tr>
<tr><td>色泽</td><td>翠润</td><td>油润</td><td>尚油润</td><td>尚润</td></tr>
<tr><td>整碎</td><td>匀整</td><td>匀整</td><td>较匀整</td><td>尚匀整</td></tr>
<tr><td>净度</td><td>洁净</td><td>洁净</td><td>较洁净</td><td>尚洁净</td></tr>
<tr><td rowspan="4">内质</td><td>香气</td><td>清高</td><td>清醇</td><td>尚浓</td><td>平正</td></tr>
<tr><td>滋味</td><td>清醇甘爽岩韵显</td><td>尚醇厚岩韵明</td><td>尚醇正</td><td>欠醇</td></tr>
<tr><td>汤色</td><td>金黄清澈</td><td>较金黄清澈</td><td>金黄稍深</td><td>橙黄稍深</td></tr>
<tr><td>叶底</td><td>软亮匀齐、红边鲜艳</td><td>软亮较匀齐、红边明显</td><td>尚软亮匀整</td><td>欠匀稍亮</td></tr>
</table>

表 7　理化标志

项目	水分	总灰分	粉末	粉末
指标/%≤	6.5	6.5	15.0	1.3

II 普洱茶

（GB/T 22111-2008）

表 1　鲜叶分级指标

级别	芽 叶 比 例
特级	1 芽 1 叶占 70% 以上，1 芽 2 叶占 30% 以下
一级	1 芽 2 叶占 70% 以上，同等嫩度其他芽叶占 30% 以下
二级	1 芽 2、3 叶占 60% 以上，同等嫩度其他芽叶占 40% 以下
三级	1 芽 2、3 叶占 50% 以上，同等嫩度其他芽叶占 50% 以下
四级	1 芽 3、4 叶占 70% 以上，同等嫩度其他芽叶占 30% 以下
五级	1 芽 3、4 叶占 50% 以上，同等嫩度其他芽叶占 50% 以下

表 2　晒青茶感官品质特征

级别	外 形			内 质				
	条索	色泽	整碎	净度	香气	滋味	汤色	叶底
特级	肥嫩紧结芽毫显	绿润	匀整	稍有嫩茎	清香馥郁	浓厚回甘	黄绿清净	柔嫩显芽
二级	肥壮紧结显毫	绿润	匀整	有嫩茎	清香尚浓	浓厚	黄绿明亮	嫩匀
四级	紧结	墨绿润泽	尚匀整	稍有梗片	清香	醇厚	绿黄	肥厚
六级	紧实	深绿	尚匀整	有梗片	醇正	醇和	绿黄	肥壮
八级	粗实	黄绿	尚匀整	梗片稍多	平和	平和	绿黄稍浊	粗壮
十级	粗松	黄褐	欠匀整	梗片较多	粗老	粗淡	黄浊	粗老

表3 普洱茶（熟茶）散茶感官品质特征

级别	外形			内质				
	条索	色泽	整碎	净度	香气	滋味	汤色	叶底
特级	紧细	匀整	红褐润显毫	匀净	陈香浓郁	浓醇甘爽	红艳明亮	红褐柔嫩
一级	紧结	匀整	红褐润较显毫	匀净	陈香浓厚	浓醇回甘	红浓明亮	红褐较嫩
三级	尚紧结	匀整	褐润尚显毫	匀净带嫩梗	陈香浓醇	醇厚回甘	红浓明亮	红褐尚嫩
五级	紧实	匀齐	褐尚润	尚匀稍带梗	陈香尚浓	浓厚回甘	深红明亮	红褐欠嫩
七级	尚紧实	尚匀齐	褐欠润	尚匀带梗	陈香醇正	醇和回甘	褐红尚浓	红褐粗实
九级	粗松	欠匀齐	褐稍花	欠匀带梗片	陈香平和	醇正回甘	褐红尚浓	红褐粗松

表4 晒青茶理化指标

项　目	指　标
水分/% ≤	10.0
总灰分/% ≤	7.5
粉末/% ≤	0.8
水浸出物/% ≥	35.0
茶多酚/% ≥	28.0

表5 普洱茶（生茶）的理化指标

项　目	指　标
水分/% ≤	13.0a
总灰分/%	7.5
水浸出物/% ≥	35.0
茶多酚/% ≥	28.0
净含量检验时计重水分为10.0%。	

表6 普洱茶（熟茶）理化指标

项　目	指　标	
	散　茶	紧压茶
水分/% ≤	12.0	12.5
总灰分/% ≤	8.0	8.5
粉末/% ≤	0.8	—
水浸出物/% ≥	28.0	28.0
粗纤维/% ≤	14.0	15.0
茶多酚/% ≤	15.0	15.0
净含量检验时计重水分为10.0%		

Ⅲ 红茶感官品质

（GB/T 13738.1-2017）

表1 大叶种红碎茶各花色感官品质要求

花色	要 求				
	外 形	内 质			
		香气	滋味	汤色	叶底
碎茶1号	颗粒紧实金毫显露匀净色润	嫩香强烈持久	浓强鲜爽	红艳明亮	嫩匀红亮
碎茶2号	颗粒紧实重实匀净色润	香高持久	浓强尚鲜爽	红艳明亮	红匀明亮
碎茶3号	颗粒紧结尚重实较匀净色润	香高	鲜爽尚浓强	红亮	红匀明亮
碎茶4号	颗粒尚紧结尚匀净色尚润	香浓	浓尚鲜	红亮	红匀亮
碎茶5号	颗粒尚紧尚匀净色尚润	香浓	浓厚尚鲜	红亮	红匀亮
片茶1号	片状皱褶尚匀净色尚润	尚高	尚浓厚	红明	红匀
末茶	细砂粒状较重实较匀净色的	醇正	浓强	浓红尚明	

表2 中小叶种红碎茶各花色感官品质要求

花色	要 求				
	外 形	内 质			
		香气	滋味	汤色	叶底
碎茶1号	颗粒紧实重实匀净色润	香高持久	鲜爽醇厚	红亮	嫩匀红亮
碎茶2号	颗粒紧结重实匀净色润	香高	鲜浓	红亮	尚嫩匀红亮
碎茶3号	颗粒紧结尚重实尚匀净色尚润	香浓	尚浓	红明	红尚亮
片茶	片状褶皱匀齐色尚润	醇正	平和	尚红明	尚红
末茶	细砂粒状匀齐色尚润	尚高	尚浓	深红尚亮	红稍暗

表3 理化指标

项 目	指 标	
水分（质量分数）/%≤	大叶种红碎茶	中小叶种红碎茶
总水分（质量分数）/%	7.0	
粉末（质量分数）/%≤	≥4.0；≤8.0	
水浸出物（质量分数）/%≤	2.0	
水溶性灰分（质量分数）/%≤	34	32

项 目	指 标
水溶性灰分碱度（以 KOH 计）（质量分数）/%	45
酸不溶性灰分（质量分数）/% ≤	1
粗纤维（质量分数）/% ≤	16.5
茶多酚（质量分数1%≥	9

Ⅳ 工夫红茶感官品质
（GB/T 13738.2-2017）

表 1 大叶工夫产品各等级的感官品质要求

级别	项 目							
	外 形				内 质			
	条索	整碎	净度	色泽	香气	滋味	汤色	叶底
特级	肥壮紧结多锋苗	匀齐	净	乌褐油润，金毫显露	甜香浓郁	香浓醇厚	红艳	肥嫩多芽红匀明亮
一级	肥壮紧结有锋苗	较匀齐	较净	乌褐润多金毫	甜香浓	鲜醇较浓	红尚艳	肥嫩有芽红匀亮
二级	肥壮紧实	匀整	尚紧结有嫩茎	乌褐尚润，有金毫	香浓	醇浓	红亮	柔嫩红尚亮
三级	紧实	较匀整	有梗朴	乌褐稍有毫	醇正尚浓	醇尚浓	较红亮	柔软尚红亮
四级	尚紧实	尚匀整	有梗朴	褐欠润，略有毫	醇正	尚浓	红尚亮	尚软尚红
五级	稍松	尚匀	多梗朴	棕褐稍花	尚醇	尚浓略涩	红欠亮	稍粗尚红稍暗
六级	粗松	欠匀	多梗多朴片	棕稍枯	稍粗	稍粗涩	红稍暗	粗，花杂

表 2　中小叶工夫产品各等级的感官品质要求

级别	项　目							
	外形				内质			
	条索	整碎	净度	色泽	香气	滋味	汤色	叶底
特级	细紧多锋苗	匀齐	净	乌黑油润	鲜嫩甜香	醇厚汁爽	红明亮	细嫩显芽红匀亮
一级	紧细有锋苗	较匀齐	净稍含嫩茎	乌润	嫩甜香	醇厚爽	红明	匀嫩红尚亮
二级	紧细	匀整	尚净有嫩茎	乌尚润	甜香	醇和尚爽	红明	嫩匀红尚亮
三级	尚紧细	较匀整	尚净稍有筋梗	尚乌润	醇正	醇和	红尚明	尚嫩匀尚红亮
四级	尚紧	尚匀整	有梗朴	尚乌稍灰	平正	醇和	尚红	尚匀尚红
五级	稍粗	尚匀	多梗朴	棕黑稍花	稍粗	稍粗	稍红暗	稍粗硬尚红稍花
六级	较粗松	欠匀	多梗多朴片	棕稍枯	粗	较粗淡	暗红	粗梗红暗花杂

表 3　理化指标

项　目		指　标		
		特级~一级	二级~三级	四级~六级
水分（质量分数）/%		≤7.0		
总灰分（质量分数）/%		≤6.5		
粉末（质量分数）/%		≤1.0	≤1.2	≤1.5
水浸出物（质量分数）/%	大叶种工夫红茶	≥36	≥34	≥32
	中小叶种工夫红茶	≥32	≥30	≥28
水溶性灰分，占总灰分（质量分数）10%≥		45		
水溶性灰分碱度（以 KOH 计，质量分数）1%		≥1.0 * ≤30 *		
酸不溶性灰分（质量分数）1%≤		1		
粗纤维（质量分数）1%≤		16.5		
茶多酚（质量分数）/%≥	大叶种工夫红茶	9		
	中小叶种工夫红茶	7		

注：* 水溶性灰分，水溶性灰分碱度，酸不溶性灰分、粗纤维、茶多酚为参考指标。

V 大叶种绿茶感官品质

（GB/T14456.2-2018）

表 1 蒸青茶各级感官品质要求

级别	要　求							
	外　形				内　质			
	条索	整碎	净度	色泽	香气	滋味	汤色	叶底
特级（针形）	紧细重实	匀整	匀净	乌绿油润白毫显露	清高持久	浓醇鲜爽	绿明亮	肥嫩绿明亮
特级（条形）	紧结重实	匀整	匀净	灰绿润	清高持久	浓醇爽	绿明亮	肥嫩明亮
一级	紧结尚重实	匀整	有嫩茎	灰绿润	清香	浓醇	黄绿亮	嫩匀黄绿亮
二级	尚紧结	尚匀整	有茎梗	灰绿尚润	醇正	浓尚醇	黄绿	尚嫩、黄绿
三级	粗实	欠匀整	有梗朴	灰绿稍花	平正	浓欠醇	绿黄	叶张尚厚实黄绿、稍暗

表 2 炒青毛茶各级感官品质要求

级别	要　求							
	外　形				内　质			
	条索	整碎	净度	色泽	香气	滋味	汤色	叶底
特级	紧结重实显锋苗	匀整	稍有嫩茎	灰绿鲜润	清高持久	浓鲜爽	黄绿明亮	肥嫩柔软黄绿明亮
一级	紧结有锋苗	匀整	有嫩茎	灰绿润	清高	浓爽	黄绿明亮	嫩匀黄绿明亮
二级	尚紧结	尚匀整	稍有梗片	黄绿	醇正	浓尚醇	黄绿尚亮	尚嫩匀、黄绿
三级	粗松	尚匀整	有梗朴片	绿黄稍枯	平正	浓稍粗	黄稍暗	稍粗黄稍暗

表 3 炒青精制茶各级感官品质要求

级别	要　求							
	外　形				内　质			
	条索	整碎	净度	色泽	香气	滋味	汤色	叶底
特级	肥壮紧结显锋苗	匀整平伏	洁净	灰绿光润	清高持久	浓厚鲜爽	黄绿明亮	肥嫩匀黄绿明亮

续表

级别	要 求							
	外 形				内 质			
	条索	整碎	净度	色泽	香气	滋味	汤色	叶底
一级	肥壮紧结有锋苗	匀整	稍有嫩梗	灰绿润	清高	浓爽	黄绿亮	肥厚黄绿亮
二级	尚紧结	尚匀整	有嫩梗、卷片	黄绿	醇正	浓尚醇	黄绿尚亮	厚实尚匀黄绿尚亮
三级	粗实	欠匀整	有梗片	绿黄稍杂	平正	浓带粗涩	绿黄	欠匀绿黄

表 4　烘青毛茶茶各级感官品质要求

级别	要 求							
	外 形				内 质			
	条索	整碎	净度	色泽	香气	滋味	汤色	叶底
特级	肥壮紧实有锋苗	匀整	稍有嫩茎	青绿润白毫显露	嫩香浓郁	鲜爽浓醇	黄绿明亮	肥嫩匀黄绿明亮
一级	肥壮紧实	匀整	稍有嫩梗	灰绿润	清高	浓爽	黄绿亮	肥厚黄绿亮
二级	尚肥壮	尚匀整	有茎梗	青绿	醇正	浓尚醇	黄绿	尚匀嫩黄绿
三级	粗实	欠匀整	有梗片	绿黄稍花	平正	尚浓稍粗	绿黄	欠匀绿黄

表 5　精制茶各级感官品质要求

级别	要 求							
	外 形				内 质			
	条索	整碎	净度	色泽	香气	滋味	汤色	叶底
特级	肥壮有锋苗有毫	匀整	净	绿油润	嫩香	浓厚鲜爽	黄绿明亮	肥嫩软匀齐绿明亮
一级	紧结有锋苗	匀整	尚净	绿润	清香	浓醇爽	黄绿尚明亮	嫩匀绿明亮
二级	尚紧结	尚匀整	有嫩茎	绿尚润	尚清香	尚浓爽	黄绿尚亮	嫩尚匀绿亮
三级	尚紧	尚匀整稍有茎梗		黄绿	醇正	醇和	黄绿稍明	尚嫩匀尚绿亮
四级	稍松	尚匀	有茎梗	黄绿	平正	尚醇和	黄绿	稍有摊张黄绿
五级	稍粗松	尚匀	有梗朴	黄绿稍枯	稍粗	平和	黄稍暗	稍粗大黄绿稍暗
六级	粗松轻飘	欠匀	多梗朴片	黄稍枯	粗	粗淡	黄暗	粗硬稍黄暗

表6　精制茶各级感官品质要求

级别	项　目							
	外形				内质			
	条索	整碎	净度	色泽	香气	滋味	汤色	叶底
一级	肥嫩紧实、有锋苗	匀整	稍有嫩茎	深绿润白毫显露	清香	浓醇	黄绿明亮	柔嫩有芽绿黄明亮
二级	肥大紧实	匀整	有嫩茎	深绿尚润	清醇	醇和	黄绿尚亮	尚肥嫩绿黄尚亮
三级	壮实	尚匀整	稍有梗片	深绿带褐	醇正	平和	绿黄	尚软绿黄
四级	粗实	尚匀整	有梗朴片	绿黄带褐	稍粗	稍粗淡	绿黄稍暗	稍粗黄稍褐
五级	粗松	欠匀整	梗朴片较多	带褐枯	粗	粗淡	黄暗	粗老黄褐

表7　精制茶各级感官品质要求

级别	项　目							
	外形				内质			
	条索	整碎	净度	色泽	香气	滋味	汤色	叶底
特级（春蕊）	肥嫩紧直显锋苗	匀整	净	墨绿润泽白毫特多	清香浓郁	醇厚爽	黄绿清澈	肥嫩多芽黄绿明亮
一级（黄芽）	肥嫩紧结有锋苗	匀整	稍有嫩茎	墨绿尚润白毫多	清香	浓郁	黄绿明亮	嫩匀有芽黄绿尚亮
二级（春尖）	肥嫩尚紧尚有锋苗	尚匀整	有嫩茎	墨绿尚匀白毫尚多	尚清香	浓尚醇	黄绿尚亮	尚嫩匀
三级（甲配）	粗壮尚紧	尚匀整	稍有朴片	墨绿欠匀有白毫	醇正	平和	绿黄尚亮	尚匀黄绿稍有红梗红叶
四级（乙配）	粗松稍松	欠匀整	有朴片	墨绿欠匀稍有白毫	平正	稍粗淡	绿黄	欠匀绿黄有红梗红叶
五级（丙配）	粗松	欠匀整	朴片稍多	绿黄花杂	稍粗	粗淡	绿黄稍暗	欠匀黄稍暗有红梗红叶

表8　理化指标

项　目	指　标			
	炒青	烘青	蒸青	晒青
水分（质量分数）/% ≤	7.0			9.0
总水分（质量分数）/% ≤	7.5		7.5	
碎末茶（质量分数）/% ≤	6.0		—	

续表

项　目	指　标			
	炒青	烘青	蒸青	晒青
粉末（质量分数）/% ≤	—		0.3	1.0
水浸出物（质量分数）/% ≥	36			
粗纤维（质量分数）/% ≤	16.0			
水溶性灰分，占总灰分（质量分数）/% ≥	45.0			
酸不溶性灰分（质量分数）/% ≤	≥1.0α；≤3.0α			
注：水浸出物、水溶性灰分、酸不溶性灰分、水溶性灰分碱度、粗纤维为参考指标				
α 当以每100g磨碎样品的毫克分子表示水溶性灰分碱度时，其限量为：最小值17.8，最大值53.6				

VI 黄茶

（GB/21726-2018）

表 1　感官品质

级别	项　目							
	外　形				内　质			
	形状	整碎	净度	色泽	香气	滋味	汤色	叶底
芽型	针形雀舌型	匀齐	净	杏黄	清鲜	甘甜醇和	嫩黄明亮	肥嫩黄亮
芽叶型	自然型 条形扁形	较匀齐	净	浅黄	清高	醇厚回甘	黄明亮	柔嫩黄亮
多叶型	卷略松	尚匀	有茎梗	黄褐	醇正 有锅巴香	醇和	深黄明亮	尚软黄尚亮 有茎梗
紧压型	规整	紧实	—	褐黄	醇正	醇和	深黄	尚匀

表 2　理化指标

项　目	指　标			
	芽型	芽叶型	多叶型	紧压型
水分（质量分数）/% ≤	6.5	6.5	7.0	9.0
总灰分（质量分数）/% ≤	7.0	7.0	7.5	7.5
碎末茶（质量分数）/% ≤	2.0	3.0	6.0	—
水浸出物（质量分数）/% ≥	32			